فرهنگ چین

غذا

لیو جون رو

انتشارات پخش وو جو

图书在版编目（CIP）数据

中国文化系列 . 饮食 : 波斯文 / 王岳川主编 ; 刘军茹编著 ; 陈乃心译 . -- 北京 : 五洲传播出版社 , 2015.4
ISBN 978-7-5085-3138-0

Ⅰ . ①中… Ⅱ . ①王… ②刘… ③陈… Ⅲ . ①文化史－中国－波斯语 ②饮食－文化－中国－波斯语
Ⅳ . ① K203 ② TS971

中国版本图书馆 CIP 数据核字 (2015) 第 067384 号

中国文化系列丛书

主　　　编：王岳川
出 版 人：荆孝敏
统　　　筹：付　平

中国文化·饮食

著　　　者：刘军茹
译　　　者：陈乃心
责 任 编 辑：高　磊
图 片 提 供：FOTOE　中新社
整 体 设 计：丰饶文化传播有限责任公司
内 文 制 作：北京翰墨坊广告有限公司
出 版 发 行：五洲传播出版社
地　　　址：北京市海淀区北三环中路 31 号生产力大楼 B 座 7 层
邮　　　编：100088
电　　　话：010-82005927，82007837
网　　　址：www.cicc.org.cn
承 印 者：北京虎彩文化传播有限公司
版　　　次：2015 年 4 月第 1 版，2019 年 2 月第 2 次印刷
开　　　本：889×1194mm 1/16
印　　　张：9.75
字　　　数：180 千字
定　　　价：148.00 元

فهرست

پیش گفتار

کشور چین ضرب المثلی در باره غذا و خوراک دارد :"غذا آسمانی برای مردم است". این نشان می دهد که " غذاخوری" در زندگی مردم چین بسیار مهم است. اما خوراک برای چینیان نه تنها نیاز ماده زندگی و یا چیزی پر شکم است، بلکه غذاخوری و اشتهای خوب را برکت ، لذت و هنر می دانند. کنفوسیوس متفکر باستان چین گفت: "غذاخوری و جنس بازی بزرگترین نیاز و آرزوی آدم است". کسانی که فرهنگ غذاخوری را می پسندند همیشه این سخن کنفوسیوس را به عنوان مدرک مثبت افکاری لذت بری خود استناد می کنند. شاید هیچ کشور دیگر جهان مثل چین نیست که این قدر غذاهای خوشمزه دارد. فقط مهارت پخت و پز فرانسه و ایتالیا قابل مقایسه با مهارت آشپزی چین هستند.

آشپزان چین با مهارت بالای پخت و پز، بسیاری از مواد غذایی که به نظر خارجیان قابل خوردن نیست به خورش های خوشمزه پختند. مانند بسیاری

برگزاری مسابقه خوراکی در نمایشگاه مواد غذایی نن جینگ در هجدهم ماه اکتبر سال ۲۰۱۳

از کشورهای پهناور، طعم غذاهای محلی شمال و جنوب چین بسیار فرق می کند. با آن که بهترین برنج در شمال شرقی چین تولید می شود، اما ساکنان این منطقه مانند سایر مردم شمالی، غذاهای آردی می پسندند. خورش های سنتی معروف شمال چین شامل آب گوشت بره و کباب اردک پکن است. غذاهای عمده جنوب چین برنج است. انواع غذاهای جنوب چین نسبت به شمال چین فراوانتر و شامل غذاهای طعم تند استان سیچوان و هونان، غذاهای طعم شیرین و تازه استان هاویان، غذاهای دریایی و انواع سوپ استان گواندون است. بنابراین، خارجیان که به چین سفر می کنند، نه تنها از انواع مختلف غذاهای چین شگفت زده هستند، بلکه از طعم های مختلف غذای چینی غبطه می خورند.

با آن که غذاهای مناطق مختلف چین فرق می کنند، همه آشپزان چین اصول هنری آشپزی یعنی " رنگ ، بو ، طعم" را رعایت می کنند. غذاهای چین نه تنها سلیقه طمعی بلکه لذت حس بینایی مردم نیز راضی می کند. برای اینکه رنگهای غذا را زیباتر بسازند، آشپزان معمولا گوشت و سبزیجات به اندازه و نسبت مناسب تایید و یک نوع مواد اصلی و دو سه نوع مواد جانبی برای درست یک خورش انتخاب می کنند. موادهای غذایی را به رنگهای آبی، سبز، قرمز، زرد، سفید، مشکی ، قهوه ای و سایر تنظیم و با مهارت پخت و پز عالی غذاهایی با رنگ زیبا می پزند. اصل "بو" غذا یعنی با اضافه چاشنی و ادویه مثل پیاز، زنجبیل، سیر، شراب، انیسون ستاره، دارچین، فلفل، روغن کنجد، قارچ و غیره، غذای خوشبویی می پزند تا اشتهای مشتری را تحریک کند. آسپزان با مهارت آشپزی مثل سرخ کردن، روغن پز کردن، برشته کردن، بخار پز کردن، روغن پز کردن، آب پز کردن و غیره، انواع مواد غذایی را پخت و پز می کنند. در عین حال، آشپزان با چاشنی و ادویه مختلف، طعم های متفاوت مثل شور، شیرین، ترش، تند و غیره می سازند. برخی از آشپزان گوجه فرنگی، تربچه، خیار و سبزیجات دیگر را به شکل های زیبا کنده کاری می کنند و به عنوان زینتی کنار خورش ها می گذارند. این سبزیجات زینتی به علاوه ظروف لطیف، غذاخوری را به لذت هنری رنگ و بو و طعم تبدیل می کند.

آمریکایان برای این که سلامتی و وزن مناسب خود را حفظ کنند، محتوای کلسترول و انرژی موادهای غذایی را با دقت محاسبه می کنند. ژاپنیان با

شامگاه دوازدهم ماه نوامبر سال ۲۰۱۳، برنامه "عرضه غذاهای چینی در سازمان ملل" به ابتکار انجمن آشپزان چین، در مقر سازمان ملل برگزار شد. بان کی مون دبیرکل سازمان ملل در این برنامه احساس خود را درباره غذای چینی بیان کرده و به زبان چینی گفت: "مردم خوراک را در اولویت قرار می دهند"، "نوش جان".

غذا

شانزدهم ماه مه سال ۲۰۱۰، دختران شرکت کنندگان در سی و پنجمین مسابقه نهایی انتخاب خانم جهانی آشپزی غذای چینی را آموخته و با فرهنگ غذایی چین آشنا می شوند.

هفدهم ماه اکتبر سال ۲۰۰۳، هفته غذای خوش مزه چینی در پاریس برگزار شد و آشپزهای چینی در این برنامه رشته "لونگ شو" (رشته ریش اژدها) را درست کردند.

صرف انواع غذاهای بهداشی، پیری خود را تاخیر می اندازد. در مقایسه، راز سلامتی مردم چین "منبع مشترک غذایی و طبی" و تعادل تغذیه است. چینیان متقاعد هستند که بسیار از غذاها عملکرد درمانی و حفظ سلامتی دارند و بسیاری از گیاهان خوراکی به دلیل عملکرد پیشگیری بیماری به غذاهای مصرف روزانه چینیان تبدیل شدند. در عین حال، مهارت پخت و پز چین دنبال اصل "غذاهای لطیف" است، یعنی چینیان به تعادل غذاهای گوشتی و سبزیجاتی توجه بسیاری می دهند. چینیان وقتی سوپ یا غذا درست می کنند، موادهای مغذی مختلف را طبق نسبت مناسبی به ظروف آشپزی می گذارند تا سلامتی خود را حفظ کنند. در باره اندازه غذاخوری، مردم چین هم مخالف پرخوری هستند و فکر می کنند سالمترین عادت غذاخوری این است که فقط هفتاد تا هشتاد در صد شکم خود را پر کنند.

آداب و رسوم غذاخوری مردم چین در عیدها، آرزوی سلامتی و خوشبختی آنان را منعکس می کند. به خاصوص، در عید بهار که مهمترین عید چین است آداب و رسوم سنتی زیادی دارد. روز قبل از عید بهار، اعضای خانواده گرد هم می آینند و باهم شام می خورند. در کل ماه بعد از روزعید بهار، فامیلان و دوستان برای شام و ناهار یک دیگر را دعوت می کنند. مردم نیز ماهی و "جایی زی" (خوراک سنتی چین که با خمیر و سبزیجات و گوشت درست می کنند) می خورند و این دو خوراک نمایش خوش مازاد سالانه و شانس خوب است. علاوه بر این، بسیاری از آیین های سنتی چین با خوراک های مخصوصی ارتباطی دارند. مثلا در مراسم عروسی، آب نبات و در جشن تولد رشته می خورند. مردم چین به آداب و رسوم غذاخوری اهمیت بسیاری می دهند. مثلا، باید کنار میز بنشینند تا می توان غذا صرف کنند، جوانان باید بعد از سالمندان غذا بخورند، باید با استفاده چپستیکس غذا و با قاشق سوپ بخورند، هنگام غذاخوری، نباید سر و صدا کنند. بیشتر این آداب و رسوم سنتی تا امروز ادامه میابد و فقط "غذاخوری بدون سر و صدا" را فراموش شده است. در واقع، وقتی که چینیان گرد هم غذا می خورند، محیط غذاخوری همیشه پر سر و صدا است و حتا بسیاری از مردم با دهان پر با دیگران زمزمه می کنند. چون مردم غذاخوری را فرصت آشنای یک دیگر می دانند و عادت می کنند در وقت غذاخوری مضوعات دلپذیر را گفتگو و درک متقابل را افزایش کنند.

فرهنگ غذاخوری چین نیز به زمینه های دیگر گسترش شده و تاثیراتش در ترکیب واژگان زبان چینی مشخص است. به عنوان مثال، در زبان چینی"سیلی خوری" یعنی ضربه سیلی، "دربست خوری" یعنی بی طرفدار، "صدمه خوری" یعنی صدمه دیدن، "علاقه خوری" یعنی مورد علاقه هستند. برخی از ضرب المثل های چین نیز با غذاخوری ارتباطی دارد. مثلا ضرب المثل "صدمه خوری خوشبختی است" نگرش زندگی را نشان می دهد و ضرب المثل "اگر نمی توانید تمام غذا بخورید، ماندگار آن را ببرید" به معنای وخامت اوضاع است. وقتی که دوستان احوالپرسی می کنند، غربیان معمولا می گویند "صبح به خیر"، اما چینیان می گویند "شما خوردید؟". "خوردن" واقعا در همه جا حاضر است. این نشان می دهد که خوردن برای مردم چین بسیار مهم و تاثیرات بسیار زیادی بر فرهنگ چین است.

همچون چهار اختراع بزرگ، چین به فرهنگ غذاخوری جهان هم خدمت بزرگ و پررنگ داد. مردم باستان چین گیاه سویا را پرورش می کنند تا منابع مهم پروتئین به دست آوردند. آنان نیز درختان چای پرورش می کردند تا چای به نوشیدنی ارزان و تشنگی طراوت جهانی تبدیل شد. چپستیککس و ظروف غذاخوری دیگر مخصوص چین برای هزاران سال محبوب گرفت. آداب و رسوم غذاخوری، روش پخت و پز، نظریه تعادل رژیم غذایی و علوم غذاهای درمانی چین میراث فرهنگی کل جهان به شمار می رفت. برخی از فلسفه و زیبا شناسی چین در باره غذاخوری مثل احترام گذاری به طبیعت، وحدت آدم و طبیعت به تفکر مردم سراسر جهان تاثیر گذاری کرد.

مردم چین که به غذاخوری اهمیت ویژه می دهند، در زندگی روزمره نه تنها سرگرم لذت بری غذاهای هستند، بلکه فرهنگ و هنر غذای چین به کشورهای خارجی معرفی می کنند. امروز، مردم سراسر جهان می توانند از غذاهای چینی لذت ببردند. بسیاری از خارجیان نه تنها غذاهای چینی دوست دارند، بلکه مهارت پخت و پز چینی را یادگیری می کنند. حتا در بعضی از کشورها "یادگیری آشپزی چینی" مد جوانان شده است. البته، بعد از اجرای سیاست اصلاح و دربازی چین، غذاهای خارجی مثل پیتزای ایتالیایی، غذاهای فرانسوی، غذاهای ژاپنی، برگر آمریکا، آبجوی آلمانی، کباب برزیلی، کاری هندی، پنیر سوئیسی وغیره نیز در شهرهای بزرگ چین محبوب شدند. همه غذاهای خارجی که می دانید، در چین می توانید پیدا کنید. کشور چین بهترین جایی برای شکم پرست است. خارجیانی که در چین سفر می کنند، غذاخوری را به عنوان بزرگترین لذت و سرگرمی می دانند. در قرن ۲۱، با توسعه سریع اقتصادی و فرهنگی چین، استاندارد زندگی مردم پی در پی ارتقا می کند و کل جهان نیز بیشتر تاریخ طولانی و فرهنگ غذایی منحصر به فرد چین را می شناسند.

تاریخ غذا

از آنجایی که محیط زیست، جمعیت و سطح پیشرفت اجتماعی کشورها متفاوت است، غذای کشورهای مختلف نیز فرق می کنند. مردم باستانی چین اهل کشاورزی بودند، نه تنها کاشت انواع گیاهان خوراکی می دانستند، بلکه می فهمیدند که غذاهای گیاهی حاوی بسیاری از موادی مغذی هستند. پیش از سلسله چینگ، غلات در رژیم غذایی مردم چین جای مهمی داشت. مردم چین در آن زمان گوشت کم تری مصرف می کردند. غربیان بیش از حد غذاهای حیوانی می خورند، اما چینی ها غلات را به عنوان غذای اصلی و ماهی، گوشت، تخم مرغ، شیر، و سبزیجات را به عنوان غذاهای مکمل مصرف می کنند. بسیاری از متخصصان تغذیه، ژریم غذای چینی ها را سالمتر می دانند.

غذاهای سنتی

چون محیط زیستی، جمعیت و سطح پیشرفت اجتماعی کشورها متفاوت هستند، غذای کشورهای مختلف نیز فرق می کنند. در بسیاری از مناطق کم جمعیت و غیر قابل زراع، مردم محلی گوشت را به عنوان غذای عمده صرف می کنند. اتکای این مردم به غذاهای گوشتی، فعالیت های اقتصادی و مبادله کالاها را تشویق می کند. در مقابل، در مناطق پر جمعیت و قابل زراع، بیشتر مردم غلات و ریشه ساقه را به عنوان غذاهای عمده خود صرف می کنند و گوشت را کم می خورند. ویژگی اقتصادی این مناطق زراعی خودکفایی است. البته، رژیم غذایی قابل تغییر است. با جا به جای مردم در سراسر جهان، رژیم غذایی نیز تغییر می شود. تاریخ طولانی فرهنگ غذایی چین نشانه رد پای کل انسان است.

کشاورزان شهرستان آن رن استان هه نان در مراسم کلنگ زنی برای کشت و کار در مزرعه شرکت کردند. این مراسم به منظور یادبود و قدردانی یان دی که در زمینه پزشکی و کشاورزی خدمات برجسته انجام داده و همچنین دعا برای برداشت محصولات فراوان برپا می شد که این مراسم چند هزار سال ادامه داشته است.

۱۰

اجرای اپرای تبتی توسط کشاورزان شهرستان ده چینگ منطقه تبت برای استقبال از فرارسیدن "عید وان گوئو". "عید وان گوئو" عیدی مهم در روستاهای تبت است. کشاورزان تبتی در فصل برداشت غلات و پیش از برداشت، با پوشیدن لباس های سنتی به پایکوبی می پردازند و به استقبال عید وان گوئو می روند.

چین یکی از منشاء های کشاورزی جهان بود. مردم باستان چین زهکشی می ساختند و آبیاری کشاورزی در دامنه کوه بنا می کردند. در حدود ۵۴۰۰ سال قبل از میلاد، چینیان ارزن را در حوضه رودخانه زرد می کاشتند و محصولات را در انبار زیر زمینی ذخیره می کردند. در حدود ۴۸۰۰ سال قبل از میلاد، چینیان گندم را در حوضه رودخانه یانگ تسه می کاشتند. بعد از آن که چین وارد جامعه کشاورزی شد، غلات به غذای عمده و گوشت به غذای مکمل مردم چین تبدیل شد و این ترکیب رژیم غذایی تا امروز ادامه یافت.

کتاب باستان <هان دی نایی جین> چین در باره رژیم غذایی مردم باستان چین این طور توصیف می دهد: "غلات غذای مهم و عمده، میوه غذای جانبی، گوشت غذای مفید و سبزیجات غذای مکمل است". غلات، میوه و سبزیجات همه غذاهای گیاهی است. غلات شامل شیش نو غذای گیاهی از جمله "شو"، "جی" ، گندم، لوبیا، کنف و برنج است. "شو" یعنی برنج زرد و کوچک و خمیرش زرد و چسبناک است. "جی" یعنی ارزن است که مهم ترین غذای مردم باستان چین

منظره زیبای مزارع در منطقه لی شان قوم میائو استان گوی جو پیش از برداشت محصولات.

بود. "شو" و "جی" غذاهای بومی چین بودند و به اروپا گسترش کردند. لوبیا منبع اصلی پروتئین مردم باستان چین بود. گندم و برنج محصولات زراعی بومی چین نبودند. منشأ برنج در هند و آسیای جنوب شرقی بود. در تپه نوسنگی "هه مو دو" چین (حدود سال ۵۰۰۰ تا ۳۰۰۰ قبل از میلاد) قدیم ترین برنج چین کشف شده بود. زیستگاه اصلی گندم در آسیای مرکزی و آسیای غربی بود و در دوران نوسنگی از شمال غربی به چین گسترش کرد. علاوه بر این، سورگوم نیز محصول بومی چین بود و در قرن یکم به هند و پارس (ایران امروز) گسترش کرد. مردم چین در عید بهار با هم تبریک می کنند و می گویند "انبارهای شما پر از غلات می شود". این نشان می دهند که غلات برای مردم چین بسیار مهم است.

مردم باستان چین چون اهل کشاورزی بودند، نه تنها از کاشتن انواع گیاهان خوراکی بلد بودند، بلکه می فهمیدند که غذاهای گیاهی حاوی بسیاری از موادهای مغذی هستند. مثلا غذاهای گیاهی مثل لوبیا، برنج، برنج زرد و ارزن حاوی تغذیه غنی مثل روتئین، چربی و کربوهیدرات هستند.

غذای عمده مردم شمال چین غذای آردی و از جمله نان بخار پز، نان، رشته، "بایو زی" (نان با مغز گوشتی یا سبزی با بخار پخته می شود)، "جایو زی" (گوشت یا سبزی که در ورقه ای از خمیر پیچیده و با آب پخته می شود)، "هون تون" (سوپ با گوشت و سبزی که در ورقه ای از خمیر پیچیده می شود) و غیره هستند. اما مردم جنوب چین برنج را دوست دارند. آنان علاوه بر پلو، "می فون" (رشته عریض که از آرد برنجی ساخته می شود)، "می شیانگ" (رشته نازک که از آرد برنجی ساخته می شود)، کیک برنجی، "تانگ یانگ" (دلمه از برنج چسبنده که در میان آن گوشت یا شکر گذاشته و آب پز می شود) و غیره می پسنند.

مردم باستان چین نان می پختند. آنان دانه های گندم را می مالیدند و خمیر آردی می ساختند. این خمیر را در آب می پختند. بعد از آن، شیوه های دیگر پخت و پز نان نیز رایج شدند. مثلا برخی از مردم باستان خمیر را روی آتش می پختند یا با روغن سرخ می کردند یا با بخار می پختند. نان مهمترین غذای آردی به شمار می رود. در چین، ده ها انواع نان وجود دارد. آشپزان با تجربه نان چند لایه می پزند و ضخامت هر لایه بسیار نازک و مانند کاغذ است. نان کنجدی بسیار خوشمزه و در سراسر چین رایج است.

رشته نیز یکی از محبوبترین غذاهای چین است. مردم باستان رشته آردی درست می کردند و در آب می پختند. در سلسله سونگ (از سال ۹٦۰ تا سال ۱۲۷۹ بعد از میلاد)، مردم سس گوشتی و سبزی مختلف به رشته آب پز می گذاشتند. رشته با آداب و رسوم فصلی چین مربوط است: مردم شمال چین در روز دوم ماه دوم تقویم سنتی چین رشته می خورند و برای آب و هوای خوب تمام سال دعای می کنند. در بعضی مناطق جنوب چین، مردم عادت می کنند

در مراسم عروسی قوم شوی در منطقه دو جون استان گوی جو، داماد باید عروس را بر دوش گرفته و همه روستاییان دهکده یک کاروان برای استقبال از عروس تشکیل دهند، عروس بایستی از خانه خود علاوه بر جهیزیه، پنج نوع غله را به خانه داماد ببرد.

بچه های کودکستان شهر نن چون استان سی چوان به مناسبت روز جهانی غلات در روز شانزدهم اکتبر، چگونگی تشخیص غلات را می آموزند.

استان شان شی انواع گوناگون خوراک محلی با گندم را دارد، به طوری که بر اساس آمار رسمی انواع این خوراک به بیش از ۲۸۰ نوع می رسد. از میان آن ها نوعی رشته کاردبری شده از شهرت جهانی برخوردار بوده و یکی از پنج خوراک معروف تهیه شده با گندم در چین است. در این تصویر یک آشپز هنر و مهارت تهیه این رشته را نمایش می دهد.

در عید نوروز رشته بخورند. علاوه بر این، برای جشن تولد نیز رشته می خورند.

غذاهای آردی سنتی چین شامل "جایو زی" و "هون تون" هستند. مردم جنوب چین "هون تون" را دوست دارند، درحالی که "جایو زی" مورد علاقه مردم شمال چین است. مواد و شیوه درست این دو غذا نفاوت زیادی ندارد. خمیر آردی کوچک را به ورقه نازک لوله می کنند و گوشت یا سبزی در آن می پیچند. بعد از آن، "جایو زی" را در روغن سرخ یا بخار پز می کنند. شکل "هون تون" مانند کلاه راهبه غربی و شکل "جایو زی" شبیه شمش طلای و نقره ای باستان چین هستند. بنابراین، چینیان بر این باورند که "جایو زی" سمبل ثروت است. در جشن ها و عیدها "جایو زی" می خورند. به طور کلی، شکل و شیوه درست "جایو زی" در هزاران سال ثابت است. اما شکل و محتوای "هون تون" به طور مداوم تغییر می کند و در مناطق مختلف نام های متفاوت دارند. مثلا در استان سیچوان "چا شو"، در استان کانتون "یونگ تون"، در استان هوبئی "با میانگ" و در استان جیانگشی "چینگ تان" نام دارد.

مردم چین در حدود قرن ۳ میلادی مهارت تخمیر آردی را تسلط کردند. آنان سوپ برنج را به عنوان منبع تخمیر استفاده می کردند. بعد از آن سعی

می کردند برای تخمیر سودا را به خمیر آردی اضافه کنند. نان بخاری شایعترین غذا که با مهارت تخمیر درست شده بود. اختراع و استفاده از وسایل آشپزی بخاری مانند اختراع مهارت تخمیر، امکانی برای درست انواع غذاهای آردی فراهم کرد.

پلو شایعترین غذای برنجی چین و مهم ترین غذای عمده مردم جنوب چین است. علاوه بر پلو، سوپ برنجی نیز غذای سنتی چین است و تاریخ هزاران سال دارد. انواع متعدد سوپ برنجی در چین دارد. به غیر از برنج، مواد خام سوپ برنجی شامل سبزیجات، میوه ها، گل ها، گیاهان داروی، گوشت و غیره هستند.

تقریبا ٤٠ سال پیش، گندم و برنج برای مردم چین غذاهای کمیاب بودند و ذرت، ارزن، ذرت خوشه ای، گندم سیاه، جو، سیب زمینی، لوبیا و غیره غذاهای

خوراک های گوناگون در خیابان کاشغر شین جیانگ. این نوع خوراک که بسیار خوش مزه است، می تواند در مدت طولانی نگه داری شود. این غذا نوعی خوراک اصلی مسافران محلی به شمار می رود.

عمده مردم چین بودند. مردم چین مهارت آشپزی غلات سبوسدار بلد هستند. مثلا آنان سوپ مخلوط ارزن و برنج، نان ارزنی و نان بخاری ارزنی می پزند. همچنین مردم چین غذاهای مختلف ذرتی مثل سوپ ذرتی، نان ذرتی، نان بخاری ذرتی، "جایو زی" و "بایو زی" با مغز درتی را دوست می کنند. با تحقق پزشکی و مغذی مدرن، غلات سبوسدار غذای سالم است. با مصرف مناسب آن، تعادل رژیم غذایی را حفظ و بیماری را پیشگیری می کنند.

سویا یکی از مهمترین غلات سبوسدار چین است. در سلسله ژانگ (از سال ۱۰۴۶ قبل از میلاد تا سال ۷۷۱ قبل از میلاد) مردم باستان سویا می کاشتند. اما در آن زمان سویا غذای فقیران و دهقانان می دانستند. در سلسله شی هان (از سال ۲۰۶ قبل از میلاد تا سال ۲۵ بعد از میلاد) بعد از اختراع "دوفو" (نوعی غذای مخصوص چین که از سویا درست می شود)، محصولات سویایی به تدریج وارد لیست غذایی اشراف زادگان و پولداران شدند. تا به حال، صدها نوع "دو فو" و محصولات سویایی وجود دارند. غذاهای سویایی منابع مهم پروتئین گیاهی و چاشنی با کیفیت بالای مردم چین هستند. غربیان بیشتر کره و محصولات چربی حیوانی مصرف می کنند. اما مردم چین روغن گیاهی از جمله روغن سویایی، روغن ذرتی، روغن بادام زمینی را می پسندند. "دو فو" اختراع مردم چین است و در حال حاضر به یکی از غذاهای اصلی مردم آسیایی تبدیل می شود. ژاپنیان "دو فو لاکتون" درست می کنند و "دو فو لاکتون" پر از پروتئین ، چربی و ویتامین ها هست.

در کتاب های قبل از سلسله چینگ (پیش از سال ۲۲۱ قبل از میلاد)، میوه های متنوع از جمله هلو، آلو ، عناب ، گلابی، زردآلو، فندق، خرمالو، خربزه، توت، زالزالک و غیره را ثبت کردند. این میوه ها تولیدات درختان بومی میوه ای مناطق شمال چین بودند.

توفو (کشک سویا) سنتی استان گوی جو

در نمایشگاه محصولات کشاورزی شهرستان لیو فو شهر جی نان استان شان دونگ، بسیاری محصولات کشاورزی از جمله غلات، بلوط، خرمالو گردو و فرآورده های فراوری شده با استفاده از این محصولات از جمله بیسکویت، پودر گردو و غیره مورد علاقه بسیاری از شهرنشینان است.

در میان آنها، هلو، آلو، عناب و شاه بلوط نه تنها غذاهای روزانه مردم باستان بلکه ارائه قربانی و هدایای گرانبها بودند. هلو در حدود قرن ۱ و ۲ قبل از میلاد توسط آسیای مرکزی از چین به فارس و سپس از فارس تا یونان و اروپا گسترش یافت. برخی اروپاییان فکر می کردند که هلو گیاه بومی فارس بود و این درست نبود. بسیاری از میوه های بومی جنوب چین از جمله پرتقال، گریپ فروت، پرتقال، سرخالو، نارنگی، لین چین (همچنین به عنوان گل سرخ شناخته می شود) و غیره نیز به تدریج در مناطق وسیع تری مصرف شدند.

قبل از سلسله چینگ، غلات در رژیم غذایی مردم چین جای مهمی داشت. مردم چین در آن زمان گوشت را کم مصرف می کردند. با پیشرفت فناوری کاشتن سبزیجات، انواع سبزیجات دیگر مواد غذایی مخصوص افراد ثروتمند نبودند. مردم باستان چین سبزیجات متنوع از جمله کلم، هویج، بادمجان، خیار،

ساخت انبار غلات توسط خواربارفروشی
خیابان نن جینگ به مناسبت فرارسیدن عید
بهار

دو خواهر پکنی در حال نمایش آسیاب کردن
غلات در بازار مکاره به مناسبت عید قایق
اژدها.

لوبیا، تره فرنگی، قارچ، جوانه بامبو و غیره مصرف می کردند. آنان سبزیجات را غذای مکمل می دانستند و با پلو یا نان می خوردند. این ورش مصرف سبزیجات توسعه آشپزی را پیشبرد کرد. چینیان برای ذخیره سازی سبزیجات، ریشه و ساقه آنها را خشک یا شور می کردند و خورش های سبزی می پختند. آنان نیز ساقه و برگ سبزیجات و میوه جات را در سوپ می گذاشتند و سوپ سبزی و میوه ای درست می کردند.

در جامعه بدوی، به دلیل این که مهارت کاشتن سبزیجات بالغ نبود، گوشت و ماهی نیز غذاهای مهم مردم باستان چین بود. اسب و گاو ابزار مهم زراعت و کاشتن بودند. در سلسله سونگ، مردم چین گوشت گاو و گوسفند را می خوردند و گوشت گوسفند را بهترین غذا می دانستند. کلمه "قشنگ" چینی از دو کلمه دیگر یعنی "گوسفند" و "بزرگ" تشکیل شده و این نشان می دهد در ذهن مردم باستان چین گوسفند بزرگ بسیار قشنگ است. با پیشرفت صنعت پروری طیور، تخم ها به تدریج غذای مردم چین شد و مردم باستان ابزارهای پروری طیور مثل جعبه جوجه پروری و انکوباتور تخم را اختراع کردند.

غربیان بیش از حد غذاهای حیوانی می خورند اما چینیان غلات را به عنوان غذای اصلی و ماهی، گوشت، تخم مرغ، شیر، و سبزیجات را به عنوان غذاهای مکمل مصرف می کنند. بسیاری از متخصصان تغذیه، ژریم غذای چینیان را سالمتر می دانند. در حال حاضر، افراد گیاه خوری به تدریج افزایش می شوند.

غذاهای خارجی در چین

سیستم فرهنگی چین فراگیر و ماندگار است. چینیان همیشه آماده یادگیری از تمدن و تجربه خارجی شامل فرهنگ خوراک خارجی هستند. مردم چین همه غذاهای خوشمزه خارجی را استقبال و حتی"دعوت" می کنند. به این ترتیب، از زمان باستان تبادل مواد غذایی و انواع خوراکی چین و کشورهای خارجی هرگز قطع نشده و بنابراین، نه تنها منبع مواد غذای غنی تر شد و بلکه عادات غذاخوری مردم چین نیز به تدریج تغییر می کرد.

به غیر از انواع خوراکی که قبل از سلسله چینگ وارد چین شد، در سلسله هان که یکی از قویترین سلسله های باستان چین بود، تبادل مواد غذایی با کشورهای خارجی بسیار عمیق و صمیمانه بود. انگور، انار، کنجد، گردو، خیار، هندوانه، طالبی، هویج، رازیانه، کرفس، گشنیز و مواد غذایی دیگر که منشاء استان سین کیانگ یا آسیای مرکزی و غربی بود از جاده ابریشم وارد چین شد. همچنین از این دوران به بعد، با تبادل روز افزان چین با کشورهای خارجی، بسیاری از مواد غذایی خارجی به تدریج در میز مردم چین قرار داده شد.

ذرت گیاه بومی قاره آمریکا بود و از طریق اروپا، آفریقا، غرب آسیا وارد شمال چین شد. سیب زمینی از سواحل جنوب شرقی وارد چین شد و در ابتدا تنها در استان های فوجیان و ژجیانگ و بعد در کل کشور کاشت می کردند. منشاء بادام زمینی در برزیل قاره آمریکا بود. مردم چین بادام زمینی را هم آب پزی می کردند و هم روغن نباتی می ساختند. آفتابگردان در قرن ۱۷ از آمریکا به چین آمد و مردم چین روغن آفتابگردان می ساختند. در سلسله سونگ (از سال ۹٦۰ تا سال ۱۱۲۷ بعد از میلاد) لوبیای سبز از هند وارد چین شد. در زمان پادشاه تانگ تای ژانگ سلسله تانگ (از سال ٦۲۷ تا سال ٦٤۹ بعد از میلاد) اسفناج از ایران و بادمجان در سلسله نان بی چا (از سال ٤۲۰ تا سال ۵۸۹ بعد از میلاد) از هند وارد چین شد. کلم، گوجه فرنگی، گل کلم و غیره در ده ها سال اخیر وارد چین شدند.

فلفل قرمز یکی از چاشنی های معمولی چین است. تاریخ استفاده فلفل قرمز در چین تقریبا ۳۰۰ سال است. فلفل در سلسله مینگ (از سال ۱۳٦۸ تا سال ۱٦٤٤ بعد از میلاد) از پرو و مکزیک قاره آمریکا به چین آمد. شکر مهمترین چاشنی طعم شیرین است. پادشاه تانگ تای ژانگ سلسله تانگ وزیری به آسیای مرکزی فرستاد و مهارت پالایش شکر را یادگیری کرد. لانه پرستو و باله کوسه که مواد غذایی گرانبها چین است در اوایل قرن ١٤ از آسیای جنوب شرقی وارد چین شد. در سلسله چینگ (از سال ١٦١٦ تا سال ۱۹۱۱ بعد از میلاد) لانه پرستو و باله کوسه غذاهای لوکس بودند.

میزان تولید ذرت چین در سال ۲۰۱۲ به ۲ تریلیارد و ۸۱ میلیارد و ۲۰۰ میلیون تن رسید که برای نخستین بار از میزان تولید برنج فراتر رفت. به این ترتیب، ذرت نیز به نخستین غله چین تبدیل شده است.

در پایان فصل پاییز و آغاز فصل زمستان، کشاورزی شهرستان شه استان آن هوی ذرت، کدو، فلفل و محصولات دیگر را بر بالای بام خانه های خود خشک می کنند که منظره ای ویژه و زیبا شکل می گیرد.

در سال های اخیر، برداشت توت فرنگی به نوعی سرگرمی شهرنشینان تبدیل شده است. این امر به توسعه کشاورزی و گردشگری در اطراف شهر یاری می کند.

میوه های خارجی از آسیای غربی (مثل انگور)، آسیای مرکزی (مثل سیب)، مدیترانه(مثل زیتون)، هند (مثل برخی انواع نارنگی) و آسیای جنوب شرقی (مثل نارگیل و موز) به چین آمدند. آلان بعضی میوه هایی که مردم چین مصرف می کنند مثل آناناس، گوجه فرنگی، انار، توت فرنگی، سیب، گریپ، و غیره از آسیای جنوب شرقی، قاره آمریکا و قاره استرالیا وارد چین شدند.

از سلسله تانگ، خوراک های پخته خارجی به منوی مردم چین اضافه شدند. با تبادل مکرر تجارت چینی و غربی، اعراب غذاهای حلال به چین آوردند و برای عادت های غذاخوری و مهارت های آشپزی چین خدمات زیادی ادا کردند. در زمان مدرن، غذاهای غربی در چین رایج شد. نه تنها رستوران غربی در بسیاری از شهرهای بزرگ چین باز شدند، بلکه مهارت های آشپزی غربی با روش های پخت و پز سنتی چین ترکیب می کردند. غذاهای کانتونی هم نتیجه ترکیب آشپزی غربی و چینی بود.

با گسترش گسترده فرهنگ مدرن غربی، نوشیدنی غربی مثل قهوه، نوشابه، آب میوه و آبجو، شراب ویسکی و شراب انگور و سایر مشروبات الکلی برای مردم چین چیزی نادر نیست. اگر چه کاکائو و قهوه عادت های سنتی مردم چین تغییر نکرده است، اما در صنایع غذایی چین نقش مهمی ایفا می کند و تا حد زیادی انواع بیسکویت، کیک، بستنی، آب نبات را افزایش می کنند.

بازرگانان اروپایی در جریان برگزاری جشنواره بین المللی شراب شهر شی آن از شرکت های شراب سازی چین بازدید می کنند.

برای هزاران سال، مردم چین در روند بازسازی طبیعت به تدریج توانایی قوی انطباق و انعطاف را به دست آوردند و آماده بودند چیزهای جدید را قبول کنند. بنابراین، مواد غذایی خارجی و خورشهای خارجی یکی بعد از دیگری وارد چین می شدند و باد تازه ای در زمینه پخت و پز سنتی چین می ورزید. مردم چین مهارت آشپزی سنتی و غربی را ترکیب کردند و غذاهای خوشمزه مثل جگر اردک غربی، میگو فرانسوی، مرغ بسته بندی با ورقه فلزی، گوشت گاو روی تخت آهنی را اختراع کردند و نماد ترکیب روش های پخت و پز بومی و غربی شد.

در سال های اخیر، با رفت و آمد صمیمانه و روز افزون چین با کشورهای خارجی، واردات نژاد پیشرفته گیاهان و حیوانات بخش مهم مبادلات اقتصادی و فرهنگی خارجی چین است و غذاهای خارجی بیشتر روی میزهای مردم چین گذاشته می شوند. در عین حال، دولت چین هم متوجه می شود هجوم بیش از حد نژادهای خارجی برای تنوع زیستی بومی تهدید بزرگی است و مقرراتی در باره حفاظت امنیت محیط زیستی را تدوین و اجرا می کند.

ظروف غذایی و رسوم و مقررات غذاخوری

مواد ظروف غذا خوردن باستانی شامل سنگ، سفال، برنز و آهن بود و حالا ظروف چینی "تولید چین" در سراسر جهان معروف است. ظروف ظریف همراه غذاهای خوشمزه منظره زیبای در فرهنگ غذایی چین را تشکیل می داد. چوب های غذا خوری یکی از مهمترین ویژگی های ظروف غذا خوری چینی است. چوب های غذا خوری در تاریخ تمدن بشری یکی از اختراعات بزرگ است.

غربی ها وقتی باهم ناهار یا شام می خورند، عادت دارند غذاها را تقسیم و در بشقاب های خود بگذارند. بر خلاف، چینی ها یا در خانه یا در رستوران، معمولا دور میز می نشینند و با قاشق یا چوب های غذا خوری مستقیما از غذا یا سوپی که در بشقاب مشترک است بر می دارند و با هم لذت می برند. از نظر مردم چین، هنگامی که دوستان و خانواده کنار میز گرد می نشینند و باهم از غذاهای خوشمزه لذت می برند نه تنها فعالیت های اجتماعی ساده، بلکه تبادل عاطفی گرم و هماهنگی است.

هنر چوب های غذاخوری

دیگ سفالی باستانی به نام "لی" که در موزه منطقه مغولستان داخلی چین نگه داری می شود. این یک ابزار باستانی پخت و پز در دوران قدیم در چین است. جنس آن معمولا سفالی و یا مفرغی است. دهانه این دیگ ها گشاد بوده و سه پایه دارد.

بشر از باستان تا حالا در حال تکامل است و شیوه غذاخوری از زاویه ای پیشرفت بشری را منعکس می کند. مردم جامعه بدوی با دست غذاها را خام می خوردند و بعد مواد غذایی را می پختند و با چاقو، چنگال و قاشق می خوردند. ظروف پخت و پز و غذاخوری چینیان با مهارت آشپزی و عادت غذاخوری آنان ارتباطی داشتند. مردم امروزی می توانند از طریق آثار باستانی تاریخچه پیشرفت ظروف آشپزی و غذاخوری را آشنا کنند. مواد ظروف غذاخوری باستان شامل سنگ، سفال، برنز و آهن بود و حالا ظروف چینی "تولید چین" در سراسر جهان معروف است. با بهبود وضعیت زندگی، نه تنها مواد غذایی، بلکه ظروف غذاخوری به طور مداوم تغییر می کند.

وسایل آشپزی باستان چین شامل ظروف سفالی دینگ، لی، هوگ، زنگ، یانگ و غیره بود. بعد از آن، ظروف برنزی و آهنی ظریفتر و بزرگتر به تدریج پیش آمدند. از آثار باستانی موجود، علاوه بر بشقاب، کاسه و فنجان ظروف فلزی دیگر مثل گوای، فو و داو بود. این ظروف هم وسایل آشپزی هم وسایل غذاخوری بودند. تاریخ شراب سازی کشور چین بسیار طولانی است. ظروف برنزی شراب خوری باستانی سلسله شانگ بسیار زیاد کشف شدند و باوریم در آن سلسله شراب خوری سیار محبوب بود. ظروف گنجایش شراب شامل زونگ، هو، یونگ، لیه و غیره و ظروف شراب خوری

ظرفی به نام "گوی" متعلق به دوران جوی غربی که در موزه استان شان شی نگه داری می شود. "گوی" نوعی ظرف برای گنجاندن غلات پخته شده بود. همچنین از این ظرف در مراسم قربانی استفاده می شد. این ظرف معمولا دارای دهانه گشاد بوده و دو دسته داشت.

ظرف مربع شکل مسی دوران جوی غربی به نام "یان" که در موزه شهر لو یانگ استان هه نان نگه داری می شود. این ظرف به منظور بخارپز کردن خوراک به کار می رفت. این ظرف دو طبقه دارد. بخش بالایی آن برای گنجاندن مواد غذایی بود. ته این ظرف سوراخ های بسیار برای عبور بخار وجود داشت. بخش پایینی آن برای جوشاندن آب استفاده می شد. آتش میان پایه های بلند این ظرف روشن شده و غذا پخته می شد.

از جمله جایو، گو، ژی، گونگ، ژان و غیره بود.

در سلسله سونگ، با توسعه بی سابقه فن آوری ساخت و ساز وسایل چینی، ظروف چینی غذاخوری نیز محبوب شدند. ظروف چینی با لعاب نیلی، سفید، سیاه و رنگی وجود داشت و شکل، دکوراسیون و لعاب این ظروف نسبت به ظروف چینی سلسله های قبل تغییرات زیادی داشتند. در حال حاضر، همه ظروف چینی سلسله سونگ گنج نادر شدند. این ظروف بسیار سبک، ظریف و صاف بودند. مردم سلسله سونگ به تنظیم و هماهنگی ظروف چینی با محیط توجه ویژه ای داشتند. آنان در تابستان ظروف چینی رنگ سرد و در زمستان ظروف چینی رنگ گرم استفاده می کردند. ظروف ظریف همراه غذاهای خوشمزه منظره زیبای در فرهنگ غذایی چین تشکیل شد.

ظرف مسی با تصویر اژدها در دوران بهار و پاییز به نام "فو" که در موزه شهر جن جو استان هه نان نگه داری می شود. "فو" معمولا در مراسم قربانی، ضیافت با شکوه و نیز گنجاندن غلات پخته شده مورد استفاده قرار می گرفت. این ظرف مستطیل شکل بود، درب آن از شکل و اندازه یکسان با ظرف برخوردار بود. اگر درب از روی ظرف برداشته شود، می توان از آن به عنوان دو ظرف جداگانه استفاده کرد.

چوب های غذاخوری یکی از مهمترین ویژگی های ظروف غذاخوری چینی است. وسایل غذاخوری بشری شامل انگشتان خود، چنگال و چوب های غذاخوری است. مردم آفریقا، خاورمیانه، اندونزی و بعضی مناطق شبه قاره هند با انگشتان دست خود غذا می خورند. مردم اروپا و شمال امریکا با چنگال می خورند. چوبهای غذاخوری در چین، ژاپن، ویتنام، کره، مالزی، سنگاپور و دیگر مناطق جنوب شرقی آسیا بسیار محبوب هستند. یعنی تقریبا یک سوم جمعیت جهان از چوب های غذاخوری استفاده می کنند.

چوب های غذاخوری در زمان باستان "ژو" نام داشت و در مورد منشاء چوب های غذاخوری افسانه ای هم وجود دارد. در زمان های قدیم، قهرمان "دا یو" با دستور پادشاه قبیله سیل را مهار می کرد. روزی، دا یو با دوستان گوشت را با آب می پختند. دا یو برای صرفه جویی وقت، با دو شاخه باریک گوشت پخته در آب داغ کلیپ کرد و بیرون آورد. دوستان هم تقلید می کردند و بعد از آن دو شاخه باریک به چوب های غذاخوری تبدیل شدند. بنابراین، گفته شد قهرمان دا یو اختراع کننده چوب های غذاخوری است. از نظر عملکرد، چوب های غذاخوری ابزار کلیپ غذای پخته از سوپ داغ بود. در کتاب های سلسله هان، رکوردی در باره "ژو" یعنی چوب های غذاخوری وجود داشت.

جام مفرغی به شکل گاو در پایان دوره سلسله شانگ که در موزه ملی چین نگه داری می شود. این جام در شهر آن یانگ استان هه نان کشف شده است. این نوع جام در پایان دوران سلسله شانگ و آغاز سلسله جوی غربی بسیار رایج بود. شکل آن بیضی و یا مستطیل بوده و چهار پایه داشت. معمولا این ظرف به شکل حیوانات درست می شد به طوری که درب آن سر و پشت حیوان، بدنه جام همان بدن حیوان و چهار پایه آن چهار پای حیوان بود.

طبق مستند تاریخی، در سلسله شانگ (از سال ۱۶۰۰ قبل از میلاد تا سال ۱۰۴۶ قبل از میلاد) که سه هزار سال پیش بود، مردم چین از چوب های غذاخوری استفاده می کردند. قدیم ترین چوب های غذاخوری در بقایای اینگ (ویرانه پایتخت سلسله شانگ و در شهر آنگ یانگ استان هنان واقع است) کشف شد. در سلسله هان، چوب های غذاخوری ابزار معمولی غذاخوری مردم چین شد. چوب های غذاخوری در تاریخ تمدن بشری یکی از اختراع های بزرگ است. آقای لی ژانگ دا فیزیکدان معروف چینی در باره چوب های غذاخوری اظهار نظر کرده شد: این ابزار بسیار ساده اما عملکرد هوشمندانه اصل اهرمی فیزیک است. چوب های غذاخوری گسترش انگشتان و حتی جایگزین انگشتان است. این "انگشتان مصنوعی" می تواند از تب بالا و سرمای شدید تحمل کند و واقعا اختراع بسیار هوشمندانه است.

اختراع چوب های غذاخوری با رژیم غذایی چین مربوط است، چون مردم چین ریشه ، ساقه و برگ پخته گیاهان را دوست دارند. چوب های غذاخوری کاربرد دیگری هم دارد، یعنی در روند تشکیل بعضی عادات و خوراک های پخته نقش مهمی دارند و مثلا بره آب پز، رشته، رشته ژله و غیره. چوب های غذاخوری به این خوراک های پخته جذابیت خاصی اظافه میٔ کند. مردم وقتی بره آب پز می خورند، با چوب های غذاخوری قطعه گوشت بره را می گیرند، به آب داغ غوطه می کند و با سس می خورند.

در مقایسه با چاقو و چنگال، استفاده چوب های غذاخوری سخت تر است. چون باید با انگشت های نما، شهادت و وسط دو چوب نازک را کنترل کنند و غذاهای جامد را برداشت کنند و به دهان بگذارند. نتایج تحقق نشان داد که غذاخوری با چوب های غذاخوری بیش از هشتاد مفصل و بیش از پنجاه عضلات شانه، بازوها، مچ دست و انگشتان را عمل می کنند. غربیان حتی می گویند چوب های غذاخوری شرقی هنری است. چینیان پینگ پنگ خوب بازی می کنند چون آنان با استفاده چوب های غذاخوری دست و مچ خود را خوب تمرین می کنند.

چوب های غذاخوری در مقایسه با چاقو و چنگال معایبی دارد. چون با چوب های غذاخوری خوراک لغزنده مانند توپ برنجی، توپ گوشتی و تخم مرغ کبوتر را سخت برداشت می کنند.

غربیان رسوم و مقررات غذاخوری دارند. آنان چاقو در دست راست و چنگال در دست چپ می گیرند و با دو دست غذا می خورند. مردم چین با چوب های غذاخوری خوراک جامد و با قاشق سوپ می خورند. اما چینیان تنها با یک دست غذا می خورند. علاوه بر این، استفاده چوب های غذاخوری بسیاری رسوم و مقررات هم دارد. مردم چین معمولا با دست راست چوب های غذاخوری می گیرند. در حال استراحت، چوب های غذاخوری را بر روی بشقاب یا کاسه می گذارند و به صورت عمودی بر روی غذا درج نمی کنند. چون مردم چین باستان آداب و رسوم قربانی دارند و در غذاهای قربانی چوب های غذاخوری درج می کنند. نمی توان با چوب های غذاخوری به دیگران نشان کنند یا غذاها را به هم بزنند یا ظروف را بزنند. بعد از غذاخوری، باید چوب های غذاخوری را محکم روی کاسه بگذارند.

به عنوان ابزار غذاخوری روزانه مردم چین، چوب های غذاخوری از موادهای مختلف شامل بامبو، چوب، طلا، نقره، مس، آهن، یشم، عاج، شاخ کرگدن و دیگر ساخته می شود. پادشاهان چین باستان معمولا از چوب های غذاخوری نقره ای استفاده می کردند. چرا که نقره وقتی برخورد با سم واکنش های شیمیایی پیش می آید و سیاه می شود. چوب های غذاخوری نقره ای می تواند امنیت رژیم غذایی اطمینان حاصل شود.

چوب های غذاخوری نه تنها "خدمتکار" وفادار در میز چینیان ، بلکه صنایع دستی ارزشمندی است که فرهنگ مخصوص چین را نمایش می دهد. بنابراین،

تصویری از صرف غذا در چین باستان

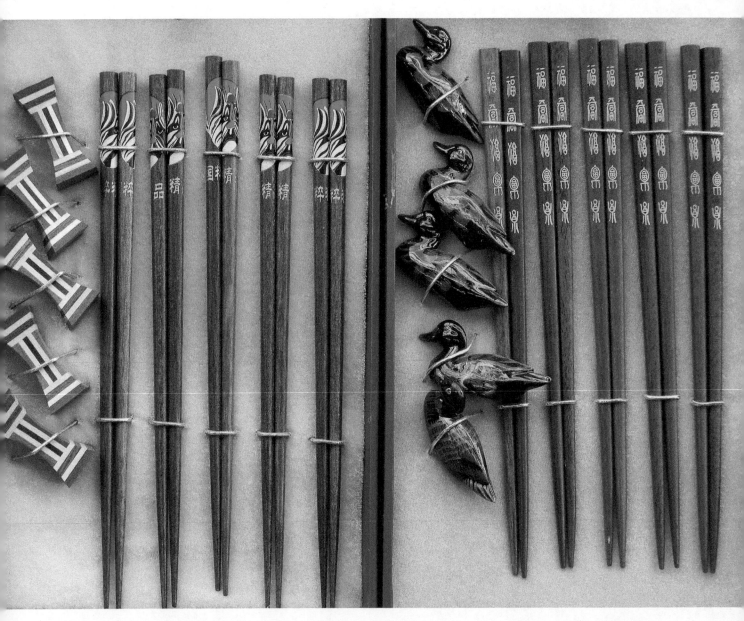

نمونه ی هنری چوب غذاخوری

بسیاری از مناطق چین فناوری ساخت و ساز چوب های غذاخوری دارد و چوب های غذاخوری زیبا و ظریف تولید می کند. چوب های غذاخوری ارزش هنری خاصی دارد و مورد علاقه گردشگران و گردآورنده ها می شود. آقای لانگ یو گردآورنده معروف چین در شانگهای اولین موزه چوب های غذاخوری چین را بنیانگذار کرد. آقای لانگ یو بیش از هشتصد گونه و دو هزار جفت چوب های غذاخوری زیبا را جمع آوری کرد و در این موزه نمایش می کند. در کشور اندونزی، آقای چینی خارج از کشور نهصد و هشت جفت چوب های غذاخوری قدیم را جمع آوری کرد و در بین آنها یک جفت چوب های غذاخوری باستان مال ملکه بود.

عادت غذاخوری چین

درباره تعداد و زمان غذاخوری در یک روز، کل جهان تفاوت بزرگی ندارد و تعداد معمولی غذاخوری سه بار است. کنفوسیوس گفت: باید مواد غذایی فصلی بخوریم و مواد غذایی که در فصل غیر مناسب تولید شده را نخوریم. از این می فهمیم که در چین باستان رسوم و عادت کامل غذاخوری وجود داشت. مردم باستان دو بار غذا می خوردند. یکی "غذای صبح" بود و در ساعت نه صبح می خوردند و دیگری "غذای بعد از ظهر" بود و در ساعت چهار بعد از ظهر می خوردند. تا کنون، در برخی از مناطق کوهستانی و دور افتاده چین و برخی از مناطق اقلیت های قومی، با توجه شرایط آب و هوایی و یا به دلیل اقتصادی، مردم هنوز عادت می کنند در یک دوز دو بار غذا بخورند. پس از سلسله هان، با توسعه کشاورزی و تولیدات مواد غذایی بیشتر، تعداد غذاخوری مردم چین باستان به سه بار افزایش شد و شامل صبحانه، ناهار و شام بود. زمان شام چینیان باستان زورتر از شام مدرن بود چون مردم باستان عادت می کردند بعد از طلوع آفتاب بخوابند. در واقع، افزایش تعداد غذاخوری نتیجه توسعه کشاورزی و فعالیت های اقتصادی است و غذاهای بیشتر قدرت کافی مردم در کشاورزی و شکاری را تضمین می کرد. چینیان به صبحانه، ناهار و شام اهمیت ویژه می دهند و به دقت درست می کردند. در سال های اخیر، قدم زندگی مردم شهرستان بسیار سریع است و آنان معمولا در رستوران نزدیک محل کاری خود ناهار می خورند. به این ترتیب، زنان خانه دار برای جبران ناهار عجله ای، شام خوشمزه برای شوهرشان درست می کنند.

غربیان وقتی باهم ناهار یا شام می خورند، عادت می کنند غذاها را تقسیم و در بشقاب های خود بگذارند و مصرف کنند. بر خلاف، چینیان یا در خانه یا در رستوران، معمولا دور میز می نشینند و با قاشق یا چوب های غذاخوری مستقیما از غذا یا سوپی که در بشقاب مشترک است می گیرند و لذت می برند. در واقع، قبل از سلسله تانگ، مردم چین مثل غربیان امروزی، عادت و سوم تقسیم غذا داشتند.

آداب و رسوم تقسیم غذای مردم چین باستان با ظروف غذاخوری ساده آنان رابطه ای داشت. بیشتر ظروف غذاخوری باستان سفالی بود. بنابراین، همه این ظروف بر روی زمین یا روی فرش حصیری و یا روی میز کوتاه می گذاشتند. مردم باستان یا دوی فرش حصیری یا در صندلی کوتاه سنگی می نشستند و غذا می خوردند. شکل فرش حصیری باستان عمدتا مربع یا مستطیل بود. مقررات بسیار سخت درباره تنظیم نشست داشت یعنی نفری که سن بالا یا مقام ارشد داشت در تشک جداگانه می نشست و دیگران در فرش حصیری بزرگ می نشستند. جایگاه طرف غربی و جنوبی این فرش حصیری جایگاه

تصویری از ضیافت چین باستان بر روی آجر متعلق به سلسله هان شرقی در استان سی چوان

تصویری از نقاشی ضیافتی بر روی دیوار یک آرامگاه متعلق به سلسله تانگ در شهر چانگ آن استان شن شی

میزبان یا مهمان گرامی بود. با توجه به مستند تاریخی، کسی در زمان غذاخوری کار مخالف آداب و رسوم غذاخوری را انجام داد، دیگران که کنار او می نشستند معمولا با شمشیر فرش حصیری بزرگ را می بریدند و جداگانه می نشستند. جلوی هر نفری که در فرش حصیری می نشستند، میز بسیار کوچک و سبک وجود داشت و ظروف و ابزار غذاخوری روی آن می گذاشتند. در آرامگاه سلسله هان شرقی(از سال ۲۵ تا سال ۲۲۰ بعد از میلاد) شهر چنگدو استان سیچوان، نقاشی دیواری کشف شده که دو یا سه نفر در فرش حصیری می نشینند و جلوی آنان میز کوچک هم دارند. این نقاشی صحنه و آداب و رسوم غذاخوری مردم باستان را نمایش می کرد.

در سلسله تانگ، مبلمان هایی مثل میز و صندلی بنلد پیش آمد و روش غذاخوری هم نسبتا تغییر کرده بود. از نقاشی های دیواری دانهوانگ سلسله تانگ، درباره صحنه غذاخوری مردم تانگ هم وجود داشت: در وسط سالن میز بلند و درازی وجود دارد و رومیزی و قاشق، فنجان، بشقاب و سایر ظروف و ابزار غذاخوری در سفره هم قرار دارند. در دو طرف میز، دو نیمکت واقع هستند و تعدادی از مردان و زنان روی آن می نشینند. از این نقاشی می فهمیم که مردم

سلسله تانگ دیگر روی فرش نمی نشستند و میز بنلد و بزرگ جایگزین میز کوتاه بود. آنان کنار میز گرد هم می آمدند و باهم غذا می خوردند. این عادات و رسوم غذاخوری از سلسله تانگ تا امروز ادامه می یابد. می توان گفت توسعه مبلمان و ظروف غذاخوری دلیل اصلی تغییر عادات و رسوم غذاخوری است.

شکل میز سنتی چین مستطیل یا مربع بود. به خصوص میز مربع در ذهن مردم چین اهمیت خاصی داشت. میز مربع نام "میزهشت خداوند" هم داشت چون هشت نفر می توانست کنارش بشینند. در مراسم قربانی یا جشنواره ها، ادای خداوند هم باید روی میز مربع بگذارند. پس از آن، جایگاه میزگرد به تدریج افزایش یافت. در حال حاضر، مردم چین در ضیافت بیشتر از میزگرد استفاده می کنند چراکه این مدل میز سمبل برابری همه نفرات است. مردم چین همیشه آرزوی مساوات و برابری دارند و میز گرد می توان این امید را جواب کند. چون از مرکز میز گرد تا هر نفر فاصله یکسان دارد و همه غذاها روی میز گرد مال همه هست. شاید به این دلیل، میز گرد مورد استقبال مردم چین می شود.

از نظر مردم چین، دوستان و خانواده کنار میز گرد می نشینند و باهم از غذاهای خوشمزه لذت می برند نه تنها فعالیت های اجتماعی ساده، بلکه تبادل عاطفی گرم و هماهنگ است. بنابر مفهوم سنتی مردم چین، پیوست فومیلی و روابط خویشاوندی اهمیت بسیار دارد. از طرف دیگر، "همکاری" مهمترین عنصر

ضیافت شام یک خانواده به نام "هوا" در پایان دوران سلسله چینگ. این تصویری است از کتاب «تشریح تصویری امپراطوری چین – جامعه، معماری، آداب و رسوم» (China: The Scenery, Architecture, and Social Habits of that Ancient Empire) که توسط توماس آلوم (Tomas Allom) کشیده شده است.

مردم منطقه نینگ چیانگ استان شن شی پس از حادثه زمین لرزه شدید، به خانه جدید نقل مکان کرده و به مناسبت عید نیمه پاییز غذا صرف می کنند.

گردهمایی هوانگ شان می (نفر اول سمت راست) معاون پژوهشگر پژوهشگاه داروی شانگهای وابسته به فرهنگستان علوم چین با دوستانش در خانه خود.

فرهنگ سنتی چین است. دوستان و فومیلان باهم گرد میز می نشینند و گفت و گو می کنند، برای تعمیق ارتباط و تفاهم بین افراد بسیار مفید است. بنابراین، مردم چین عادت می کنند گرد میز می نشینند و در مورد موضوعات مختلف صحبت کنند. از نظر زیبایی آشپزی، تقسیم غذا هم کار غیر قابل قبول است. می توانید تصور کنید، چطور یک ماهی بخارپز کامل با رنگ، عطر و طعم علی را تقسیم کنید؟ سر ماهی به چه کسی می دهید؟ دم ماهی به به چه کسی می دهید ؟ واقعا مسئله سردردی است. جای تعجب نیست که برخی نگران هستند تقسیم غذا هنرهای زیبای آشپزی سنتی چین را تحت تاثیر می گذارد، مزیت خاصی غذاهای چین را حفظ نخواهد شد.

در سال های اخیر، با محبوب روزافزون بوفه، فست فود چینی و غربی، مردم شهرستان چین هم عادت می کنند در هنگام غذاخوری غذاها را تقسیم کنند. مثلا قبلا مردم گرد یک قابلمه داغ بزرگ بره آب پز می خوردند. اما در حال حاضر، مردم هنوز هم در اطراف میز می نشینند، اما جلو هر نفر یک قابلمه کوچک خصوصی قرار دارد و در آن بره می پزند. بغییر از این، فست فود چینی هم مورد استقبال کارمندان و کارگران شهرستان است. ظرف یک پرس فست فود چینی معمولا یک بشقاب فلزی است. این بشقاب با چند سلول با اندازه های مختلف است و در هر سلول سبزیجات، گوشت، ماهی، غذای اصلی، سوپ و غیره قرار داده است و همچنین تغذیه متعادل برای مصرف کنندگان ارائه می کند. با افزایش رفت و آمد بین المللی، مردم چین طبق عادت غذاخوری بین المللی ضیافت بوفه برگذار می کنند. در ضیافت، مهمانان می توانند در محیط راحت و آزاد و مستقل غذاهای سالم چینی لذت می برند.

آداب و رسوم غذاخوری

چین به عنوان "ملت آداب" در جهان شناخته شده است. " آداب" هسته قوانین و مقررات رفتار و فعالیت چینیان است. آداب غذاخوری هم منعکس واضح، رایج و طبیعی از فرهنگ چین است. نویسنده روسی قرن ۱۹ آنتون چخوف با یک چینی در رستوران شراب سوجو می خوردند. آنتون چخوف آداب غذاخوری چینی اینطوری شرح می کرد: او قبل از تست شراب به سمت من و صاحب و پیشخدمت های رستوران گفت، "بفرمایید". این آداب مخصوص چین است. او یواش یواش شراب می خورد و مثل ما نبود که همه جام را یک دفعه خالی کند. بعد از آن، او برای یادگاری و تشکر به من چند سکه چینی هدیه کرد. این ملت با آداب است. این نگرش یک خارجی دو قرن پیش در مورد آداب غذاخوری مردم چین است.

چین ملتی است که به غذاخوری اهمیت زیادی می دهند. مردم چین در عید نوروز، عید اواسط پاییز و جشنواره قایق اژدها و جشن تولد، جشن جمع آوری دوستان، جشن عروسی و بعد از مراسم تشییع ضیافت برگذار می کنند. به تدریج سیستم آداب و قوانین مربوط به غذا خوری را تشکیل شد. با توجه به مستند باستان، تقریبا ۲۶۰۰ سال پیش، آداب و مقررات کامل در باره غذاخوری در چین تشکیل شد. به خصوص، در ضیافت های بزرگ، مردم باید با آداب و قوانین پیچیده مطابق باشند. تا امروز فرم آداب سنتی

نقاشی سلسله چینگ: ضیافت رسمی که جایگاه ها طبق رتبه مقامات منظم شده است.

نقاشی «جشن تولد هشتاد سالگی خانم جیای خانواده جیا» از آلبوم نقاشی های «تصاویر کامل رویای خانه سرخ» توسط سونگ ون هوی نقاش معروف سلسله چینگ کشیده شده است. این نقاشی صحنه برگزاری ضیافت به مناسبت تولد هشتاد سالگی خانم جیا را نشان می دهد.

غذاخوری تغییر شده اما در مهمانی رسمی یا ضیافت بزرگ بعضی آداب و قوانین باید به شدت مطابق و پیروی کنند.

ترتیب و تنظیم جایگاه شرکت کنندگان ضیافت مهمترین و با زحمت ترین کار در آداب و قوانین ضیافت است. معمولا مهمان گرامی، میزبان یا سالمند در مهم ترین جایی یعنی جایی رو به جنوب و یا رو به درب می نشیند. مهمانان بعد از تعارف، به نوبت گرد میز می نشینند. معمولا افراد مسن پیش از جوانان، افراد متاهل قبل از افراد مجرد، مهمان آشنا پیش از مهمان نا آشنا می نشینند. این آداب و قوانین هنوز هم در بسیاری از مناطق چین ادامه می دهد و تغییر کمی دارد. البته، با تفاوت موضوعات ضیافت، ترتیب جایگاه شرکت کنندگان هم فرق می کند. مثلا در ضیافت جشن تولد نفر سالمندی، خود سالمند در جای مهم و فرزندان در دو طرفش می نشینند. در جشن های تولد بچه و عروسی، معمولا مادربزرگ و عموی عروس در جای مهم ضیافت می نشینند.

در باره چیدن غذاها روی سفره، مجموعه ای از قوانین و مقررات هم وجود دارد. معمولا غذای گوشتی با استخوان در دست چپ و غذای گوشتی بدون استخوان در دست راست جلوی افراد قرار می دهند. پلو یا نان در دست چپ، سوپ، شراب، نوشابه ها در دست راست می گذارند. گوشت کبابی در وسط میز و چاشنی های مختلف مثل سرکه، سس سویا، پیاز، سیر و ادویه دیگر در دسترس است. در ضیافت، پیشخدمتان به نوبت از غذاهای سر تا غذاهای گرم دیشها به روی میز می گذارند و معمولا از سمت چپ نفری که رو به روی مهمان گرامی می نشیند، دیش ها به روی میز می گذارند.

ترکیب غذاهای گوشتی و سبزی هم بسیار مهم است. به عنوان مثال، در ضیافت بزرگ شمال چین، معمولا در ابتدای چهار یا هشت دیش غذای سر(اغلب غذاهای گوشتی) روی و بعد چهار دیش غذاهای سبزی روغن سوز و چهار دیش غذاهای آب پز به میز می گذارند. بعد از آن، چهار دیش غذاهای اصلی و

تبریک فرزندان به یک زن و شوهر سالخورده به مناسبت نودمین سال تولد و هفتمین دهه ازدواج آن ها در شهر هی هه استان هه لونگ جیانگ در سال ۱۹۹۰ میلادی.

ضیافت جشن تولد خانواده ای اشرافی در رستوران چوان جو ده در خیابان وانگ فو جین شهر پکن

مادر بزرگ و نوزاد از قوم جوان در ضیافتی به مناسبت یک ماهگی نوزاد در شهر لونگ لین منطقه گوانگ شی.

بیشتر گوشت یا غذای دریایی در خدمت مهمانان می آورند و در نهایت کیک، بستنی، سوپ و میوه های فصلی هم دارند. اما در استان گوانگدونگ جنوب چین، مردم محلی معمولا سوپ قبل از غذاهای اصلی می خورند.

مردم چین معمولا در خانه شراب نمی خورند، اما در ضیافت شراب چیز ضروری است. بعد از آن که مهمانان در جای خود نشستند، میزبان جام خوب را بلند و سخنرانی تبریک یا تشکر می کند و می گوید "جام خود را خالی کنیم". مهمان در آن موقعه باهم وا می ایستند و همراه میزبان شراب در جام خود را می خورند. بعد، میزبان و مهمانان می نشستند و جام خود را پر می کنند. اگر کسی نمی توان شراب بخورد، باید از پیش اعلام کند، بغییر از آن، مورد شکایت دیگران می شود. در چین، جشن عروسی را "مراسم شراب ازدواج" نامیده می شود، چون در جشن داماد و عروس همراه مهمانان زیاد شراب می خورند.

مردم چین معمولا از سن بچگی " آموزش" می بینند و همه فعالیت ها مثل راه روی، نشست و غذا خوری باید مطابق آداب و قوانین سنتی چین بشود. در ضیافت، مجموعه ای آداب و قوانین مخصوصی هم وجود دارد. مثلا چطور چوب های غذاخوری را در دست می گیرند و در ضیافت چگونه با دیگران گفتگو می کنند. بغییر از این، حتی کودکی باید بعضی قوانین و آداب را رعایت کند. مثلا باید همه پلو در کاسه تمام کند (پدر و مادر بچه خود اینطوری تدریس می کند که دانه های برنجی در کاسه مانده به خال ها روی صورت تبدیل می شود) و نمی تواند با چوب های غذاخوری خوراک خود را بهم بزند. هنگامی که غذا می خورد، هم نباید دهان خود را کاملا پر کند و یا صدای بلند یا عجیب بزند. وقتی شکم پر شد، نباید بگوید "غذای من تمام شد"، باید بگوید "من خوب خوردم".

مردم چین به خصوص سالمندان به آداب غذاخوری توجه زیادی می دهند. آداب غذاخوری غربی و چینی فرق می کند. مثلا با آن که غربیان موافق هستند نباید در عین غذاخوری با صدای بلند حرف بزنند یا بخندند، آنان انگشت های چربی خود را لیس می کنند. اما از نظرچینیان لیس انگشت های چربی کار مبتذل نیست و سالمندان به بچه های خود این طوری گفت:" وقتی غذا می خوری، نه باید صحبت کنید و نه باید صدای بلند بسازید". وقتی سوپ یا رشته

بشقاب مخصوص که برای مراسم عروسی در روستای بستر رودخانه زرد در استان هه نان مورد استفاده قرار می گیرد.

می خورند، بسیار دشوار است که هیچ صدایی بسازند. غربیان وقتی رشته می خورند، با چنگال رشته را دور می زنند و به دهن می گذارند. سوپ غربی نیز بسیار داغ نیست و آنان می توانند به طور برازنده سوپ و رشته بخورند. اما چینیان با چوب های غذاخوری رشته می خورند و دشوار است که بدون هیچ صدا رشته بخورند. علاوه براین، سوپ چینی بسیار داغ است و بنابراین خوردن سوپ به طور ظرافت کار آسان نیست.

مردم مدرن و به ویژه جوانان تحت تاثیر فرهنگ متنوع، احساس می کنند آداب و قواین سنتی چین بسیار پیچیده و آزادی غذاخوری خود را محدود می کند. اما با آن که آداب و رسوم غذاخوری چینی تا حدی آزاردهنده است، در مراسم یا ضیافت بزرگ، همه معمولا این آداب و رسوم را رعایت کنند. تنها هر کس مطابق آداب و رسوم غذاخوری باشد، فرآیند ضیافت هماهنگ و منظم می شود و همه می توانند به طور کامل از آزادی و سرگرمی ضیافت لذت ببرند.

غذاهای مختلف و سنت غذاخوری

مردم چین عادت دارند در خانه آشپزی می کنند و خوارک روزانه را که در خانه می پزند، به عنوان "غذای خانواده" شناخته می شود. مواد اولیه غذای خانواده معمولا تولید محلی است. از آنجایی که چین کشور بزرگی است، تولیدات و عادات و سرگرمی مردم مناطق مختلف تفاوت زیادی دارند، در نتیجه عطر و طعم غذاهای خانواده هم فرق می کند.

در چین عیدهای زیادی دارد، از عید بهار تا روز آخر هر سال، جشن ها و عید های متعدد، و در میان آنها بیش از ده عید سنتی مهم وجود دارد. پیش از این مردم برای قربانی یا عبادت در این عیدها و جشن ها غذاهای زیادی آماده می کردند. با توجه به تفاوت محیط جغرافیایی، آب و هوا، مذهب، تاریخ اجتماعی و عوامل دیگر، هر یک از اقلیت های قومی آداب و رسوم خاصی دارند.

غذاهای خانوار

مردم چین عادت می کنند در خانه آشپزی می کنند و خوارک روزانه را که در خانه می پزند، به عنوان "غذای خانوار" شناخته می شود. مواد اولیه غذای خانوار معمولا تولید محلی است. چون چین کشور بزرگ است، تولیدات و عادات و سرگرمی مردم مناطق مختلف تفاوت زیادی دارند، در نتیجه عطر و طعم غذاهای خانوار هم فرق می کند.

به طور کلی، مردم چین به شام توجه بیشتر می دهند و اما صبحانه آنان ساده نسبتا است. در میز صبحانه مردم چین، غذاهای معمولی شامل "بایو

آمادگی آشپزها برای آشپزی در شهر هولونبویر منطقه مغولستان داخلی چین

زی"، نان بخاری ، حریره و سبزیجات شور است. در بعضی مناطق، مردم "هون تون"، پلو، رشته و غذای روغن پز برای صبحانه می خورند. در حالی که شیر سویا، نان روغن سوزی و نان هم صبحانه استاندارد بعضی خانواده ها هست. همچنین بخشی از مردم شهرستان مانند غربیان در صبحانه شیر، غلات، نان، تخم مرغ و ژامبون می خورند. تخم مرغ و پنیر سویا مهمترین منابع پروتئین در صبحانه و شیوه پخت و پز آنها هم پیچیده نیست. ناهار و شام علاوه بر غذاهای اصلی مثل برنج و نان، هم شامل سوپ، گوشت و سبزیجات روغن پز و حریره است. مردم استان کانتون سوپ را بسیار دوست دارند. آنان قبل و بعد از غذاخوری سوپ می خورند و سوپ ظریف می پزند. معمولا خانم های خانه دار غذای خانوار در خانه غذاها درست می کنند و اما در خانواده هایی که زن و شوهر شغل دارند، مردان هم وارد آشپزخانه می یایند و غذاها را درست می کنند.

غذاهای اصلی مردم شمالی چین ماکارونی است و مواد عمده غذایی آرد گندم، آرد ذرت، آرد ذرت خوشه، آرد لوبیا، آرد گندم سیاه و آرد جو است. روش های درست انواع ماکارونی مطابق سلیقه مردم هم متفاوت هستند. مردم این غذای ماکارونی یا در آب خورش می کنن، یا با روغن سرخ می کنند، یا با بخار می پزند. مردم چین بیش از حد رشته را دوست دارند و انواع رشته راحت پز با طعم مختلف مثل رشته فرنگی و رشته فرنگی فوری می سازند. این دو نوع رشته عمر نگهداری طولانی دارد و سبک و زود حاضر می شود. در حال حاضر، رشته یکی از مهمترین غذاهای ماکارونی معمولی است و در استان شانشی بیش از ۲۸۰ نوع غذاهای ماکارونی وجود دارد.

برنج غذای اصلی مردم جنوب چین است. آنان با برنج محلی پلوی بسیار خوشمزه می پزند و با گوشت و سبزیجات پخته می خورند. جلوگیری از بی تنوعی غذاها، مردم جنوبی به ترکیب و شیوه های پخت و پز غذاهای مکمل توجه ویژه ای می دهند و غذاهایی با طعم و مزه مختلف درست می کنند.

بر خلاف غربیان، ملیت هان و اکثریت اقلیت های قومی چین محصولات لبنی را زیاد مصرف نمی کنند. اما بعضی اقلیت های قومی که در مناطق شمال

خوردنی ها و سوپ لائو هوئو استان گوانگ جو

غربی چین زندگی می کنند، لبنیات در رژیم غذایی روزانه مردم محلی جای بسیار مهم قرار دارد.

در زندگی روزمره، مردم چین به طور کلی زیاد گوشت و ماهی نمی خورند اما سبزیجات فصلی مثل تربچه، شلغم ، هویج بیشتر مصرف می کنند. تربچه و هویج سبزی معمولی چین و کاشت چهار فصلی است. تربچه می توان خام بخورند و یا با آب و روغن بپزند و یا با گوشت گاو و خوک خورش کنند. غذاهایی که با تربچه درست می کنند، نه تنها خوشمزه است بلکه عملکرد بهداشتی دارد. کلم، اسفناج، کلزا، کرفس، تره فرنگی و غیره سبزیجات با ساقه و برگ هستند. می توان این سبزیجات را با آب بپزند و یا در روغن سرخ کنند و یا در سالاد خام بخرند. مردم چین سبزیجات را هم با تخم مرغ یا گوشت می پزند.

بیشتر موادهای غذای خانوار بسیار عادی است. شایع ترین و معمولترین آنها پنیر سویا است. مردم چین پنیر سویا خام با سیر سبز، خیار، نمک و روغن کنجد مخلوط می کنند و سالاد ساده پنیر سویایی خوشمزه می سازند. شما همچنین می توانید پنیر سویا را با روغن سرخ یا با سبزیجات آب پز می

نوعی خورش محلی شان شی به نام "کائو لائو لائو" که با خمیر جو درست می شود. چون شکل این خورش با نوعی ظرف محلی به نام "لائو لائو" بسیار شبیه است، بنابراین، اسم آن هم "کائو لائو لائو" انتخاب شده است. این خورش معمولا با آبگوشت گوسفندی و یا سوپ قارچ مصرف می شود که بسیار خوش مزه است.

توفوی با فلفل خوراک معروف سبک استان سی چوان

تدریس آشپزی با استفاده از هویج، به مردم توسط آشپز یک رستوران در شهر شو چانگ استان هه نان

کنید. مردم استان سیچوان پنیر سویای تند را دوست دارند، آنان پنیر سویا را به مربع های کوچک برش می کنند و با گوشت چرخ شده ، فلفل قرمز و پودر فلفل در روغن می پزند. مردم استان جیانگ سو و ژجیانگ پنیر سویا همراه سر ماهی در آب می جوشند. پنیر سویا منجمد هم غذای مخصوص چین و پر از تغذیه است و کاربرد کاهش کلسترول هم دارد. علاوه بر پنیر سویا، محصولات سویایی و جوانه سویایی هم مورد استقبال مردم چین می گیرند.

مردم چین "مرغ، اردک، ماهی، گوشت سرخ" را می خورند. چین تاریخ جوجه پرورش بسیار طولانی دارد. مردم چین مرغ را غذای خوشمزه می بینند و سوپ مرغ هم درست می کنند. در منوی چینیان، روش های پخت و پز مرغ شامل بخار پز، آب پز، سرخ کردن، خورش کردن و غیره است. مردم عادی شمالی چین به ندرت اردک را پخت و پز می کنند و غذای معروف "کباب اردک پکن" را فقط در رستوران می خورند. در مقابل، مردم استان جیانگ سو و ژجیانگ اردک را خوب می پزند و نه تنها "اردک شور" و "اردک آب پز" غذاهای ممتاز رستوران بزرگ، بلکه بسیاری از زنان خانه دار به خوبی درست می کنند.

همانطور که آگاهی مردم در باره بهداشتی خود به تدریج افزایش می کند، غذاهای دریایی مثل خیار دریایی که غنی از پروتئین است، به طور فزاینده ای مورد استقبال مردم می شود. مردم عادی انواع ماهی و میگو مثل ماهی کپور، ماهی سیاه، ماهی علف، ماهی واو چانگ ، میگو و شاه میگو و غیره می خورند. به طور کلی، زنان خاندار چین ماهی و میگوی تازه را در آب می پزند، ماهی و میگو با کیفیت پایین را در روغن سرخ می کنند. غذاهای ماهی معمولی چین شامل ماهی ترش و شیرین، ماهی با سس سویا، ماهی بخار پز و فیله ماهی سرخ شده و غیره است.

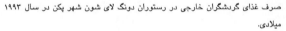

صرف غذای گردشگران خارجی در رستوران دونگ لای شون شهر پکن در سال ۱۹۹۳ میلادی.

خورش معروف شهر یانگ جو به نام "سان تائو یا" (سه مرغ). مواد اصلی این خورش گوشت اردک خانگی، اردک وحشی و کبوتر است.

در زمستان سرد، تمام خانواده دور میز می نشینند و "ها گوانگ" می خورند. مردم چین همه مواد غذایی در دیگ "ها گوانگ" جوش می کنند، مثلا "ها گوانگ" تند و فلفل استان سیچوان، "ها گوانگ" دریایی استان کانتون، "ها گوانگ" گل داودی شهر شانگهای، "ها گوانگ" گوشت بره پکن، "ها گوانگ" گوشت سگ استان هاینان. "ها گوانگ" گوشت بره غذای خانوار پکنیان در زمستان است. آنان گوشت گوسفند و گاو را به قطعات کوچک برش می کنند و همراه دو سه نوع سبزیجات در دیگی با آب جوش می پزند. سپس گوشت و سبزیجات پخته شده را در سس مخصوصی غوطه می کنند و می خورند. سس مخصوص از چاشینی های مختلف مثل روغن کنجد، روغن فلفل، پنیر سویای تخمیر، سیر ترش و شیرین، خرد شده تره فرنگی، خرد شده پیاز سبز و خرد شده گشنیز و غیره ترکیب می شود. در تابستان، مردم پکن رشته آردی با سس سرخ شده را دوست دارند. مواد اصلی سس سرخ شده سس خام سویایی است. پکنیان نه تنها سس سرخ شده بلکه سبزیجات فصلی خرد شده روی رشته آب پز می ریزند و به هم بزنید و می خورند. این سبزیجات شامل جوانه لوبیا، جوانه تربچه کوچک، خیار، تره فرنگی و هویج است.

مردم چین سبزی خوابانده هم درست می کنند. سبزیجات خوابانده مناطق مختلف چین ویژگی های منحصر به خود دارد. به طور کلی، سبزی خوابانده

ترب شور که زیر نور آفتاب خشک می شود

شمالی شور و سبزی خوابانده ترش و شیرین است. سبزیجات خوابانده معروف چین شامل کلم ترش منطقه شمال شرقی، تربچه شور پکن، سبزی تند استان سیچوان، تروب خشک استان ژجیانگ، سبزی شور و ترش استان گوئیژو و فلفل قرمز تند و ترش اقلیت قومی کره ای است. مواد سبزیجات خوابانده بسیار گشوده و شامل تربچه، کاهو، سیر، ریشه نیلوفر آبی، سیر سبز و حتی بادام زمینی، گردو و مغز بادام است. اما در سال های اخیر، با بهبود شرایط زندگی، سبزی خوابانده در میز غذاخوری بسیاری از خانواده های چینی موقعیت برجسته اشغال نمی کند و به غذای اشتها آور و چاشنی تبدیل می شود.

در چین، خانواده های معمولی می توانند انواع غذاهای بسیار خوشمزه بپزند. چینیان مایل هستند از زندگی و غذای خوشمزه لذت ببرند. آنان غذاخوری را هنری و سرگرمی می دانند. این همچنین نشان دهنده شخصیت فراگیر ملی مردم چین است.

غذاهای عید و جشنواره

در چین عیدهای زیادی دارد، از عید نوروز تا روز آخر هر سال، جشنواره ها و عید های متعدد و در میان آنها بیش از ده عید سنتی مهم وجود دارد. قبلا مردم در این عیدها و جشنواره ها غذاهای زیاد آماده می کردند برای قربانی یا عبادت. بعد، برخی از معنای اصلی عید ها و جشنواره ها به تدریج محو و حتی ناپدید می شوند، فقط معنای برکت و عادات غذاخوری باقی می ماند.

تاریخ "جایو زی" بسیار طولانی است و در سلسله هان مستندی در باره "جایو زی" وجود داشت. در دهه ششم قرن ۲۰، در کاوش های باستان شناسی

نقاشی عید بهار "یانگ لیو چینگ" شهر تین جین: درست کردن لقمه جیائو زی

یک خانواده چینی در حال درست کردن لقمه جیائو زی در شهر پکن در دهه هشتاد قرن بیستم.

آرامگاه سلسله تانگ استان سین کیانگ، یک کاسه چوبی کشف شد و پر از قدیمی ترین "جایو زی" تا کنون بود.

از زمان های قدیم، در حوزه رودخانه زرد که منشاء زادگاه مردم چین است، مجموعه ای عادات در باره "جایو زی" وجود دارد: مردم در شب عید نوروز، روز پنجم ماه قمری سال نو، روز اول تابستان (در اواسط و اواخر ماه ژوئیه) و روز اول زمستان (روز ۲۲ ماه دسامبر تقویم سنتی) "جایو زی" می خورند. ضرب المثلی در چین دارد: "جایو زی" خوشمزه ترین غذا است. این نشان می دهد که مردم چین "جایو زی" را بسیار دوست دارند. در سال های گذشته، برای خانواده های فقیر "جایو زی" غذای گرانبها بود و فقط در عید نوروز "جایو زی" می خوردند.

شب عید نوروز چین درست مثل شب کریسمس غربی و یکی از مهمترین عیدهای سنتی است. چینیان که خارج از زادگاه کار می کنند، به زادگاه خود بازگشت و با خانواده آنان جمع آوری می کنند. در سلسله های مینگ و چینگ، عادت خوردن "جایو زی" بسیار رایج شد. تا به امروز، مردم شمال چین در عید نوروز "جایو زی" می سازند و می خورند. در شب عید نوروز، همه خانواده گرد هم می آیند و خمیر و ورقه های آردی می سازند و گوشت یا سبزی

درست کردن نیان گائو (نوعی غذای ویژه) توسط مردم قوم میائو. آن ها با چکش چوبی خمیر را آماده می کنند.

خرد شده می پیچند و در آب می پزند. "جایو زی" پخته شده باید در نیمه شب بخورند و با معنای بدرقه سال قدیم و استقبال سال نو است. "جایو زی" هم به سمبل برکت و همگرایی تبدیل می شود.

چون درست مغزه و ورقه "جایو زی" کار پیچیده و وقت گیر است، در سال های اخیر برخی از رستوران مغزه و ورقه می خرند و در خانه "جایو زی" می سازند. سوپر مارکت های هم انواع "جایو زی" منجمد می فروشند.

در جنوب چین، مردم در عید نوروز به جای "جایو زی"، توپ برنج، کیک برنج و رشته می خورند. بسیاری از اقلیت های قومی چین در عید نوروز نیز سنت و غذاهای خاصی دارند. مثلا در عید نوروز، مردم اقلیت قومی هوی رشته و گوشت می خورند. افراد اقلیت قومی ای گوشت و شراب می خورند. اقلیت قومی ژوانگ کیک برنج پنج کیلو مصرف می کنند. مردم اقلیت قومی مغولی معمولا گرد آاش می نشینند و "جایو زی" می خورند.

محیط جشن سال نو تقریبا نیم ماه طول می گشد. پانزدهمین روز ماه قمری نیز جشنواره سنتی مهم عید "یانگ شیای" است. عید "یانگ شیای" اولین شب ماه کامل ماه قمری سال نو است و مردم در این عید فانوس های قشنگ آویز می کنند و غذای "تانگ یانگ" می خورند. مواد اصلی "یانگ شیای" برنج است.

انواع "تانگ یانگ" فراوان است. شیوه درست "تانگ یانگ" این است که تک های کوچک رب حموس، گل رز و کنجد را در آرد برنج می چرخند تا انواع رب را به طور مساوی پوشش کنند. طعم "تانگ یانگ" منطقه شمالی چین شیرین و اما در منطقه جنوبی "تانگ یانگ" طعم شور هم دارد. بعضی مردم گوشت، شکر و سبزیجات در میان "تانگ یانگ" هم می گذارند.

پنجمین روز ماه پنجم قمری چین جشنواره قایق اژدها است. مردم در این جشنواره "ژانگ زی" می خورند. "ژانگ زی" تاریخ دو هزار سال دارد و در باره منشاء "ژانگ زی" داستانی هم وجود دارد. گفته شده است در چین باستان، وزیر و شاعر بزرگ داشت و نامش چونگ یانگ بود. چونگ یانگ خودش را به رودخانه انداخت و خودکشی کرد. مردم برای یادداشت ایشان، مسابقه قایق اژدها برگذار می کردند. مردم غذای "ژانگ زی" را درست می کردند. آنان با برگ رید برنج را می پیچیدند و به رودخانه می انداختند تا ماهی "ژانگ زی" را بخورند و به جسم چونگ یانگ دست نزنند. در حال حاضر، مردم شمال چین نه تنها برنج بلکه عناب، حموس و میوه خشک را با برگ ید می پیچند. مردم جنوب چین هم از مواد سبزیجات، تخم مرغ، گوشت و رب شیرین و شور "ژانگ زی" درست می کنند.

"جونگ زی" (نوعی غذای
مخصوص که با برنج
چسبناک و برگ بامبو
درست می شود)

روز پانزدهم ماه پنجم قمری عید اواسط پاییز است. عید اواسط پاییز هم بزرگترین عید بعد از عید نوروز است. مردم چین در عید اواسط پاییز سنت خوردن کیک ماه دارند. چون ماه شب اواسط پاییز کامل و گرد و شکل کیک ماه هم گرد و شبیه ماه کامل است. در عید اواسط پاییز، همه افراد خانواده گرد هم می آیند و هم از کیک ماه لذت می برند و هم ماه روشن و بزرگ در آسمان را تماشا کنند. کیک ماه مانند "ژانگ زی" نوعی شیرینی است و طعم مختلف مثل شیرین، شور، تند هم دارد. کیک ماه از آرد و مغره مختلف ساخته و مانند نان کوچک است. مغزه کیک ماه شامل تخم مرغ، شکر، کنجد، آجیل، ژامبون، حموس و غیره است. از آنجا که مردم قبل از عید اواسط پاییز به دوستان و فامیلها کیک ماه هدیه می دهند، در سال های اخیر بسته بندی کیک ماه بسیار طریف و قشگ است.

علاوه بر چهار عید و جشنواره هر سال، مردم چین طبق سنت در روزهای خاصی غذاهای مخصوص مصرف می کنند. مثلا مردم بعضی مناطق در روز دوم ماه دوم قمری رشته نازک " ریش اژدها" می خورند، در روز پنجم ماه چهارم قمری برای یادبود در گذشتگان فقط غذای سر می خورند. روز پانزدهم ماه هفتم روز "ژانگ یانگ" است و مردم بعضی مناطق برای قربانی نیاکان آدم آردی و گوسفند آردی می سازند. روز نهم ماه نهم قمری روز سالمندان است و در برخی مناطق برای آرزوی سلامت و طول عمر سالمندان، سنت مصرف کیک گلی وجود دارد.

کیک ماه که داخل آن زرده تخم مرغ و تخم نیلوفر است.

درست کردن جونگ زی توسط یک خانواده در کنار رودخانه می لو در شهر یوئه یانگ استان هه نان. بر دروازه این خانه، برگ های گیاه اکالیفا (cattail) و برنجاسف کوهی آویزان است.

آماده شدن پیروان بودایی برای درست کردن آش "لا با" در معبد بودایی هان سان شهر سو جو که به رایگان به بازدیدکنندگان تحویل داده می شود.

در روز هشتم ماه دوازدهم قمری، مردم چین آش "لا با" می پزند. شمالیان از غلات سبوس دار و انواع لوبیا، جنوبیان از ریشه نیلوفر آبی، دانه نیلوفر آبی و غیره آش درست می کنند. علاوه بر این، عناب و شاه بلوط مواد ضروری آش است، چون تلفظ عناب و شاه بلوط شبیه کلمات چینی "زود" و "زور" است و به این معنی که در سال آینده زود تلاش کنند تا محصولات کشاورزی بیشتری به دست بیاورند. در سال های اخیر، با بهبود استانداردهای زندگی، مواد خام آش "لا با" هم متنوع تر می شود و شامل گردو، تخمه خربزه، بادام زمینی، آجیل کاج، کشمش، بادام و غیره است. آش "لا با" خوشمزه و مغذی است و کاربرد اشتها آور و تکمیل طحال و معده دارد.

آداب و رسوم غذاخوری اقلیت های قومی

خورش های قوم مغول در ناحیه آلاشان مغولستان داخلی چین، برنج سرخ کرده، شیر چای، گوشت بریان شده گوسفند، شیر خشک و کره.

چین یک کشور بزرگ و با اقلیت های قومی معتدد است. با توجه به تفاوت محیط جغرافیایی، آب و هوا، مذهب، تاریخ اجتماعی و عوامل دیگر، هر یک از اقلیت قومی آداب و رسوم خاصی دارد. به عنوان مثال، اقلیت های مبتنی بر دام، گوشت قرمز و محصولات مختلف لبنی را می خورند. در حالی که اقلیت های قومی که محصولات کشاورزی تولید می کنند، عمدتا برنج، گندم، غلات سبوس دار را به عنوان غذای اصلی مصرف می کنند. اقلیت های قومی که در مناطق سرد زندگی می کنند، سیر را دوست دارند. در حالی که اقلیت های قومی در مناطق مرطوب زندگی می کنند به فلفل و مواد غذایی تند را ترجیح می دهند. مردم اقلیت های قومی هوی و اویغور که مسلمان هستند، هرگز گوشت خوک و گوشت حیوانات وحشی و مرده را مصرف نمی کنند. تحت تاثیر مذهب بودایی، مردم اقلیت قومی تبت ماهی نمی خورند. اگر آداب و رسوم اقلیت های قومی را درک نمی کنند، در تعامل و رفت و آمد با قومیان، با مشکلات رو به رو می شود.

نویسنده معروف و معاصر چین در نثر به نام <گوشت گوسفند> خود داستانی را شرح کرد: مسافری با ران گوسفند در دشت بزرگ مغولی سفر می کرد. هنگام غروب آفتاب، او وارد یک چادر مغولی و درخواست سکونت می کرد. میزبان ران گوسفند مهمان را کنار گذاشت و گوسفندی خود را قربانی و پخت و پز و مهمان را پذیرایی می کرد. روز بعد، میزبان ران گوسفند جدیدی را به جای ران قبلی به مسافر هدیه کرد. مسافر در دشت بزرگ سفر می کرد ران گوسفند خود را بارها جایگزین شده بود.

این داستان واقعی است. از آنجا که مردم اقلیت قومی مغولی مهمان نوازی و گوشت گوسفند غذای اصلی مغولی است. با توجه به آداب و رسوم محلی، مردم مغولی برای پذیرش دوستان، معمولا گوسفند را قربانی می کنند. مغولیان گوسفند را به جلوی مهمان می کشند و نشان می دهند. با اجازه مهمان، این

دامداران مغولی که در حال خوردن گوشت بریان شده هستند

یک خانواده تبتی در منطقه کانگ دینگ استان سی چوان و سفره این خانواده

گوسفند را قربانی می کنند. "قربانی گوسفند با اجازه مهمان" نمایش احترام به مهمان است.

مغولیان گوشت گوسفند را در آب می پزند. آنان گوشت پخته را با چاقو خرد می کنند و بدون چاشینی می خورند. مردم مغولی برای پذیرش مهمانان گرامی، تمام گوسفند در دیگ آب پزی می کنند. مردم محلی معمولا فقط برای سی دقیقه گوشت گوسفند می پزند. وقتی گوشت را برش می کنند، خون هم می ریزد. اما برای پذیرش دوستان قومی هان، آنان معمولا گوشت را بیشتر می پزند. مردان و زنان مغولی در جشن ها شراب زیاد می خورند. در ضیافت، میزبان سه کاسه نقره ای پر از شراب پیش مهمان خدمت می گذارد و برای نشان صداقت آواز می کنند. طبق آداب و رسوم مغولی، مهمان برای احترام گذاری به آسمان و زمین، با انگشت وسط دست راست شراب را غوطه و به بالا و پایین ریزش می کند. سپس، مهمان سه کاسه شراب را به نوبت می خورند.

منظره زیبای فلات تبت و آداب و رسوم قومی تبتی مسافران زیاد داخلی و خارجی را جذاب می کند. در حالی که رژیم و عادات غذاخوری تبت هم مورد علاقه مسافران هستند. کسانی که به تبت سفر کرده، همه چای کره خوردند. چای کره نوشابه مهم مردم تبتی است. تبتیان آجر چای را ل ه و آب پز می

کنند، آب چای، کره و نمک به سطلی می ریزند و به هم می زنند. به این ترتیب، چای کره تبتی را درست می شود. مردم تبتی با چای کره مهمان را پذیرش می کند. مهمان باید سه کاسه چای کره بنوشد. بعد از سه کاسه، اگر مهمان چای بیشتر نمی خواهد، بقایای چای را به زمین می ریزد. به غیر از آن، میزبان پیوسته چای کره به کاسه مهمان می ریزد. مواد اصلی غذایی تبت آرد جو "چینگ کو"، کره و گوشت گاو و گوسفند و محصولات لبنی است. مردم تبتی معمولا در خانه های خود آرد جو "چینگ کو"، گوشت و شیر فراوانی را می انبارند. در فلات تبت، آب و هوا خشک است و مواد غذایی زود فاسد نمی شود. بنابراین، گوشت گاو خشک در مناطق تبتی بسیار شایع است. هر پاییز، تبتیان گوشت گاو تازه را به تکه های کوچک برش و چاشینی های نمک، پودر فلفل قرمز، پودر زنجبیل روی آن ریزش می کنند. سپس، گوشت خوابانده را در محل خنک و خشک حلق آویز کنند تا تکه های گوشت خشک بشود. طعم گوشت گاو خشک شده طعم شیرین و ترش دارد و بسیار خوشمزه است.

جنوب غربی چین مناطق مهم اقامت اقلیت های قومی است. این اقلیت های قومی آداب و رسوم غذاخوری مختلف نیز دارند. به دلیل آب و هوای مرطوب، مردم محلی غذای طعم ترش و خوراک خشک و دودی را می پسند.

اقلیت قومی یائو که در استان های یوننان، گونگ شی، هونان، جیانگشی، کانتون، هاینان و مناطق دیگر اقامت می کنند، آش برنج با ذرت، ارزن، سیب زمینی، تارو، لوبیا و غیره را درست می کنند. از آنجا که مردم یائو بیشتر در کوه ها مشغول کشاورزی می شوند، غذای روزانه آنان باید آسان حمل و ذخیره بشوند. بنابراین، کیک برنجی و پلوی بامبو مورد علاقه آنان هستند. مردم یائو در زمان استراحت کشاورزی، غذاهای خود را به اشتراک می گذارند و همه با هم می خورند. بیشتر مردم قومی یائو شراب را دوست دارند و از برنج، ذرت، سیب زمینی و سایر مواد شراب

خورش های سنتی دهکده کوهستانی هونگ یائو منطقه گوان شی - چای روغن و برنج پخته شده در بامبو

حضور گردشگران چینی و خارجی در ضیافت سنتی "چانگ جوئو" (میز بلند) و جشن عید بهار در روستای کوهستانی قوم میائو در لی شان استان گوی جو. ضیافت "چانگ جوئو" عالی ترین روش پذیرایی قوم میائو بوده و چند هزار سال قدمت دارد. این ضیافت معمولا به مناسبت مراسم عروسی، جشن یک ماهه شدن نوزاد، مراسم های بزرگ و مهم روستا برپا می شود. سمت چپ مربوط به میزبان و سمت راست جایگاه مهمانان است. معمولا در این ضیافت میزبان و مهمانان شراب می خورند و آواز می خوانند.

دختران قوم بای در شهرستان دنگ چوان منطقه دالی استان یونان با چوب خیزران نوعی مواد لبنی به نام «روشان» را زیر نور آفتاب خشک می کنند. «روشان» نوعی لبنیات بادزن شکل است و دو گونه سفید و زرد رنگ دارد. این خوراک چرب و دارای مواد مغذی بسیار و خوش مزه است. این خوردنی یکی از خوراک های معروف سنتی قوم بای به شمار می رود.

پذیرایی مهمانان با نوعی خورش ماهی توسط زنی از قوم هه جه

خانواده کره ای در منطقه یان بیان استان جی لین چین در حال درست کردن کیک برنج هستند.

می سازند. مردم یائو معمولا هر روز دو سه بار شراب می خورند.

اقلیت قومی مایو که در استان های گوئیژو، هونان، هوبی، سیچوان، یوننان، گونگ شی زندگی می کنند، غذاهای ترش را دوست دارند. همه خانواده های قومی مایو سوپ ترش درست می کنند، آنان سوپ برنج پخته و یا آب پنیر سویا را در جار سفالی می ریزند و سه تا پنج روز می ماند و تخمیر می کند. مردم قومی مایو گوشت خوک، ماهی و سبزیجات با این سوپ ترش پخت و پز می کنند. برای نگهداری غذاها، مردم قومی مایو سبزیجات، مرغ، اردک، ماهی و گوشت خوابانده و طعم ترش درست می کنند و در همه خانواده های مایو ظروف مخصوصی برای تخمیر غذا دارد. اقلیت قومی مایو ساخت و ساز شراب بلد است و مراحل شراب سازی شامل تخمیر، تقطیر، ترکیب و ذخیره شراب دارد.

مردم اقلیت قومی دونگ استان گوئیژو هم غذا ترش بسیار دوست دارند و در خانه های دونگ کلم ترش، جوانه بامبو ترش، و ماهی ترش زیاد می انبارند. تصنیف اقلیت قومی دونگ هم سلیقه مردم قومی دونگ را این طوری شرح می کند: "برادران و خواهران تنبل نباشید، گندم را خوب کاشت کنید و ماهی ترش بسازید تا ظروف تخمیر غذاهای خوابانده را پر بشوند". علاوه بر این، اردک خوابانده، گوشت شور، ماهی خوابانده و زنجبیل ترش غذای معروف قومی دونگ است و به خصوص شیوه درست ماهی خوابانده بسیار پیچیده است. مردم ظرفی پر از ماهی مهر و دفن می کنند. ماهی معمولا سه تا هشت سال زیر زمین می ماند و یواش تخمیر می شود.

اقلیت قومی بای به غذاهای جشنواره و عید توجه ویژه ای دارند. مردم قومی بای در عید های مختلف چندین غذای مربوط می خورند. مثلا قند "تین تین"، چای گل در عید نوروز ، کیک برنجی بخار پز و رشته برنجی در جشنواره مارس، سالاد سبزی و گوشت سرخ شده در روز چینگ مینگ (روز یادبود در گذشتگان)، "ژانگ زی" و شراب در جشنواره قایق اژدها، انواع شیرینی و قند در عید مشعل، نان سفید و کیک مست در عید اواسط پاییز می خورند. زندگی آنان با شرکت غذاهای خوشمزه واقعا رنگارنگ است.

جشن عید فطر مردم قوم هوی در یک رستوران اسلامی در شهر شیان نینگ استان گوی جو

اقلیت قومی ژوانگ پرجمعیت ترین اقلیت قومی کشور چین است و بیشتر مردم قومی ژوانگ در استان گنگ شی و بعضی در استان های یوننان، کانتون، گوئیژو و هونان زندگی می کنند. مناطق قومی ژوانگ گندم و ذرت تولید می کند و بنابراین برنج و ذرت غذای عمده مردم ژوانگ هست. مردم ژوانگی گوشت سرخ و مرغ و اردک و ماهی می خورند و بعضیان گوشت سگ هم می پسنند. آنان عادت می کنند گوشت مرغ، اردک، ماهی و سبزیجات را کم بپزند وغذای تازه بخورند. شراب برنجی نوشابه عمده مردم قومی ژوانگ است.

در سه استان شمال شرقی چین اقلیت قومی کره ای با چند اقلیت های دیگر ساکن هستند. مردم اقلیت قومی کره ای غذاهای آب پز و خوابانده با طعم تازه و تند را می پسنند. غذاهای سنتی آنان شامل سالاد گوشت گاو، سالاد سیرابی گاو، سالاد فیله تازه ماهی و غیره است. کیمچی قومی کره ای شهرت بزرگی دارد. مواد کیمچی بسیار ساده و از جمله کلم، تربچه، فلفل، زنجبیل است. این مواد ها را با نمک و سس فلفل مخلوط و تخمیر می کنند. کیمچی خوابانده طعم شیرین و ترش و شور و تند دارد.

اقلیت قومی هه ژانگ در مجاورت دشت رودخانه هیلونگجیانگ زندگی می کنند. این تنها اقلیت قومی در شمال چین است که تا امروز مشغول شکاری و پرورش سگ هستند. رژیم غذایی آنان از سنت دوران باستان ارث بری می کند و غذای خام مصرف می کند. برجسته ترین غذای اقلیت قومی هه ژانگ "فیله ماهی خام" است. آنان چیپ های سیب زمینی، جوانه لوبیا سبز، تره فرنگی را در آب جوش می کنند و با فیله های ماهی خام و چاشینی های روغن فلفل قرمز، سرکه، نمک، سس سویا مخلوط می کنند. "فیله ماهی خام" به طور کامل طعم تازه ماهی را نشان می دهد. اقلیت های قومی اورلانگ چونگ و اور وان کا در جنگل های کوهستانی دا شنیگ آن لینگ اقامت می کنند. چون این دو اقلیت قومی در "باغ وحش طبیعی" زندگی می کنند، غذای اصلی آنان گوشت و شیر است. غذاهای روزانه مردم قومی اورلانگ چونگ و اور وان کا مثل گوشت و شیر آهو، گوشت گوزن کوچک، گوشت خرگوش برف و گوشت قرقاول برای مردم شهرستان بسیار نادر و گرانبها است.

اقلیت قومی هوی چون دین اسلامی رعایت می کنند، همهشه به عادت خاصی غذاخوری اصرار می کنند. نان بخاری، "بایو زی"، "جایو زی" و انواع رشته ها و غذای ماکارونی و برنجی دیگر غذاهای اصلی آنان است. مسلمانان قومی هوی در عید قربان و عید فطر "یوگ شیان" و "ژانگ گوا" می خورند. "یوگ شیان" و "ژانگ گوا" از خمیر ساخته و در روغن سبزی سرخ شده است و در نظر مسلمانان "غذای مقدس" است. در مقایسه با ملیت هان، اقلیت قومی هوی از گوشت خوک، گوشت سگ، گوشت اسب، گوشت خر، ماهی بدون فلس و غیره اجتناب می کنند و شراب هم نمی خورند. با توجه به تابوهای سخت مواد غذایی، مردم قومی هوی در شهرها رستوران های مخصوصی باز کرده و غذای حلال سرویس می دهند. بنابراین، غذای حلال قومی هوی در بین غذاهای بسیاری از اقلیت های دیگر برجستگی خاصی دارد. در چین غذاهای معروف مسلمان بسیار زیاد است و مانند "احشای گوسفند سرخ شده"، "گوشت گوسفند بخار پز"، "تاندون گوسفند" و "بره ملایم پخته" است. تنقلات محلی قومی هوی از جمله نان "هه لان"، رشته با تک های چرب گوسفند، احشای گوسفند، پنیر سویای نرم و با سس هم شهرت سراسر کشور دارند. علاوه بر این، بعضی رستوران های حلال به نام "دوگ لای شون"، "هونگ بینگ لای" و "کا رو جی" نه تنها در بسیاری از شهرهای چین، بلکه در کل جهان مشهور است. می توان گفت که غذاهای حلال قومی هوی در فرهنگ غذاخوری چین سهم قابل توجهی می گیرد و برای توسعه مهارت های پخت و پز خدمات زیادی فراهم می کند.

چای و شراب چین

کشور چین "زادگاه چای" است و مهارت کاشت و ساخت چای و عادت چای خوردن از چین آغاز شد. چین ضرب المثلی دارد: "چای ذهن و روح آدم را پاک می کند". مردم چین که چای دوست دارند، به آسانی می توانند از عطر و طعم چای احساس آرامش و گرما کنند. می توان گفت، چای نه تنها سلامت و سرگرمی به مردم می دهد، بلکه بدن و روح آنان را نیز تکمیل می کند. چای منعکس کننده نظریه هماهنگی با طبیعت و زیبایی شناسی چینی است.

از زمان های قدیم، شراب و چای از زندگی، ژریم غذایی و فعالیت های مختلف اجتماعی مردم چین جدایی ناپذیر بوده است. در مراسم عبادت، ضیافت و جشن ها، شراب یکی از نوشیدنی های ضروری بوده است و حتی در نظر برخی از مردم چین، شراب مهم تر از غذا است. شراب به عنوان بخش مهمی از فرهنگ غذایی چین و یکی از اشکال فرهنگی خاص، تقریبا در تمام زمینه های زندگی اجتماعی مردم چین نفوذ کرده است.

مردم چین چای را دوست دارند

چین ضرب المثلی دارد:"هفت چیز در زندگی مردم چین مهم است و شامل هیزم، برنج، روغن، نمک، سس سویا، سرکه و چای است". چای به طور کامل به زندگی اجتماعی و مصرف روزانه مردم چین نقوذ می کند. چینیان چای را بسیار دوست دارند و در خانه و قهوه خانه چای می خورند. بعضی مردم یا تنها یا با دوستان از چای لذت می برند. بعضیان عادت می کنند در صبح زود چای بخورند و بعضیان دیگر عادت می کنند بعد از ظهر چای بخورند. خلاصه، بیشتر مردم چین هر روز چای می خورند و چای هم سرگرمی مهم چینیان است. با تحقق مدرن، محتوای کافئین، کالری و کلسترول چای خیلی پایین تر از قهوه و کاکائو است و محتوای شکر چای هم پایین تر از آب میوه است. چای حاوی ویتامین های مختلف، پلی فنول، اسانس، فلوئور و موادهای مفید دیگر است

چای «فاجینگ چان» نوعی چای سبز که توسط راهبان معبد «فاجینگ» شهر هانگ جو کشت و تولید می شود. بوته این چای در منطقه حفاظتی کشت و داشت و برداشت می شود. در این تصویر راهبانی که به زودی به برگزاری مراسم مذهبی می پردازند از میان این کشتزار چای عبور می کنند.

چیدن برگ چای توسط کشاورزان در شهرستان فنگ هوانگ شهر چائو جو استان گوانگ دونگ. شهرستان فنگ هوانگ یکی از قدیمی ترین مناطق تحت کشت بوته چای در چین و محل کشت چای «وولونگ» چین است.

دختران در حال چیدن برگ چای در کشتزاد چای در منطقه تونگ دائو استان هه نان

و کاربرد رفع تشنگی، ادرار آور و تقویت بهداشتی دارد. چای واقعا نوشابه طبیعی و برای سلامت مفید است. همانطور که لینگ ایو تانگ عالم مدرن چین در <رژیم غذایی مردم چین> نوشت: " چای کاربرد تمدید عمر و تقویت هضم دارد و خوی مردم را آرام می کند".

کشور چین "زادگاه چای" است و مهارت کاشت و ساخت چای و عادت چای خوری از چین آغاز شد. مناطق کوهستانی نیمه گرمسیری در جنوب غربی چین منشاء درخت چای وحشی است. از سلسله تانگ تا اواسط سلسله چینگ ، مردم این مناطق چای به عشایر شمال غربی صادر و اسب ها را واردات می کردند. این معاملات " تبادل چای و اسب" معروف در تارخ چین است و نشان می دهد چای در تاریخ و زندگی مردم چین نقش مهمی دارد. در ابتدا مردم برگ درخت چای را نوعی سبزیجات می دانستند و تقریبا در سلسله هان، چای به نوشابه ای تبدیل شد. در سلسله تانگ، دین بودایی بسیار رایج بود. راهبان بودایی طرفدار چای خوری بودند چون که در هنگام مراقبه چای خواب آلودگی را رها می کند و به هضم غذا کمک می کند. راهبان در معبد چای زیاد می کاشتند و معمولا معابد بزرگ و باستان چای معروف تولید می کرد. سواد بالاتر راهبان به بهبود کیفیت چای و ارتقاء مهارت جورش چای کمک کرد. بنابراین، فرهنگ چای خوری به سرعت در کل جامعه رایج شد و از مردم فقیر تا اشراف زادگان چای می خوردند. در سال ۱۱۶۸ بعد از میلاد، راهب ژانگ شی(از سال ۱۱۴۱ بعد از میلاد تا سال ۱۲۱۵ بعد از میلاد) ژاپنی برای مطالعه بودیسم به چین آمد. ایشان در چین فرهنگ چای خوری هم یادگیری کرد و در هنگام بازگشت تعداد زیادی از متون مقدس بودایی و تخمه های درخت چای به ژاپن آورد. از این به بعد، چای در ژاپن هم محبوب شد و به تدریج فرهنگ مخصوص چای خوری ژاپنی شکل گرفته شد. همچنین ژاپنیان راهب ژانگ شی را خداوند چای شناخته شدند.

نه تنها ژاپن، بیش از صد کشور و منطقه سراسر جهان به طور مستقیم یا غیر مستقیم عادت چای خوری از چین یادگیری کردند و در این رابطه، تلفظ مشابه "چای" در زبان های مختلف بهترین اثبات است. در زبان چینی کلمه چای دو نوع تلفظ دارد: در زبان محلی شمال چین تلفظ کلمه چای "cha" و در زبان محلی جنوب چین به خصوص استان کانتون و منطقه ساحلی فوجیان، تلفظ کلمه چای "tee" است. کشورهایی که چای از شمال چین وارد می شد، تلفظ چای

شبیه "cha" است. مثلا تلفظ چای در ژاپن و هند "cha"، در روسیه "chai" ، در کشورهای عربی "shai" و در ترکیه "chay" است. در عین حال، کشورهایی که چای از جنوب چین وارد می شد، تلفظ چای شبیه "tee" است. مثلا تلفظ چای در بریتانیا "tea"، در اسپانیا "té"، در فرانسه "thé" و در آلمان "thee" است. به همین ترتیب، تلفظ چای چین منشاء تلفظ کلمات "چای" این کشورها است.

فرآیند گسترش چای به سراسر جهان روند تجارت چای را تحریک می کرد. با توسعه تجارت چای، در اوایل قرن ۱۹، چای، ابریشم و چین سه محصول عمده صادرات کشور چین شد. در اروپا، بریتانیایان چای را بسیار دوست داشتند. طبق مستند تاریخی، در اوایل قرن ۱۷، بریتانیایان چای که از چین واردات شد مصرف می کردند. چون چای مورد علاقه گسترده بریتانیایان شد، دولت بریتانیا برای جواب تقاضای بالای چای، به شرکت شرق هند دستور داد چای بیشتر از چین واردات و نیاز داخلی را اطمینان کند. در اوایل قرن ۱۹، چین چای به ارزش حدود چهل میلیون پوند به بریتانیا صادرات می کرد و در نتیجه کسری شدیدی برای دولت بریتانیا آورد. دولت بریتانیا به منظور تغییر این وضعیت نامطلوب و نگهداری تراز تجاری با چین، از هند و بنگلادش و دیگر کشورها تریاک خرید و به چین صادرات می کرد. سر انجام، بریتانیا "جنگ تریاک" بر روی چین راه اندازی و به تاریخ معاصر چین تاثیرات بزرگی کرد.

چای از جوانه برگ های درخت چای پخته می شود. با توجه به تفاوت کیفیت چای و مهارت تولید آن، انواع چای به شش دسته تقسیم و شامل چای سبز، چای قرمز، چای اولانگ، چای سفید، چای زرد و چای سیاه می شود. مردم چین در فصل بهار چای سبز، در فصل پاییز چای گل داودی (معروف ترین گل داودی تولید شهر هانگزو استان ژجیانگ است)، در فصل زمستان چای قرمز و اولانگ می خورند. چینیان نه تنها می توانند انواع چای، بلکه چای امسال و سال پیش را تشخیص کنند.

مردم چین معمولا در فصل های بهار، تابستان و پاییز برگ درخت چای می چینند. شکل و کیفیت برگ چای در فصول مختلف تفاوت زیادی دارد. چای

انتخاب چای سیاه توسط کشاورزان منطقه چی من استان آن هوی

کشت چای «پوآر» تولید ناحیه خودمختار قوم یی جینگ دونگ استان یون نان

که از اوایل ماه سوم قمری تا قبل از روز "چینگ مینگ" (حدودا روز پنجم ماه چهارم قمری) از درخت چیده می شود، به عنوان چای قبل از "چینگ مینگ" یا چای اوایل فصل بهار شناخته شده است. این چای رنگ سبز روشن و طعم قابض دارد. دو هفته بعد از روز "چینگ مینگ"، روز "گو ایو" (حدودا روز بیستم ماه چهارم قمری) است. در روز "گو ایو" هر سال، معمولا باران ریز در مناطق جنوب چین می ریزد. چای که بعد از روز "چینگ مینگ" و قبل از روز "گو ایو" از درخت چیده می شود، به عنوان چای قبل از "گو ایو" شناخته شده و چای که بعد از روز "گو ایو" چیده را چای بعد از "گو ایو" شناخته می شود. به طور کلی، چای سبز که در اوایل بهار چیده و پخته شده است، بهترین کیفیت و قیمت نسبتا بالا دارد. چای که تولیدات همین سال "چای نو" و اما چای که بیش از یک سال ذخیره شده "چای مانده" است. بهترین چای سبز و چای اولانگ چای نو است، اما چای پور سال ها ذخیره شده طعم و مزه ممتاز دارد.

"تخمیر" مرحله کلید در فرایند تولید چای است. چای تخمیر نشده چای سبز است. مواد چای سبز جوانه برگ نوزاد درخت چای و مراحل درست چای سبز شامل پخت (با حرارت دادن به برگ چای، فرآیند تخمیر آن را پایان می دهد)، مالش و خشک سازی است. آب چای سبز رنگ سبز و زرد و طعم قابض و تلخ دارد. چای سبز قدیم ترین، معمولترین چای چین و مناطق کاشت آن هم بسیار گسترده است. معروف ترین چای سبز چین از جای تولید، شکل و خاصیت آن نامیده و شامل "چاه اژدها دریاچه غربی"، "صدف حلزونی سبز دریاچه دونگتیگ"، "ابر نوکر کوه هوانگ "، "کوه منوگ استان سیچوان"، "ابر کوه لو"،

"جوانه برگ شهر شینگ یانگ" و "تخمه لیوگ آن" است.

پس از مرحله تخمیر، رنگ چای به تدریج به رنگ قرمز تبدیل می شود. در صورتی که میزان تخمیر بیشتر می باشد، رنگ چای نسبتا تیره تر می شود. همچنین طعم چای به دلیل میزان تخمیر از عطر برگ به تدریج به عطر گل، عطر میوه وعطر مالتوز تبدیل می شود. چای تخمیر شده چای قرمز است به دلیل این که رنگ چای خشک و آب پخته این چای قرمز است. شیوه تهیه چای قرمز شامل چهار مرحله یعنی پژمرده سازی (جوانه برگ تازه چای را در معرض فضای باز قرار می گذارند تا آن پژمرده بشود)، مالش، تخمیر و خشک سازی است. در فرایند تهویه چای، ترکیب شیمیایی برگ های تازه زیاد تغییر می کند. به خصوص بیش از نود در صد پلی فنول را کاهش می دهد. اما در عین حال ترکیب شیمیایی جدیدی مثل تیافلاوین پیش می آید و بنابراین، عطر چای قرمز از چای سبز بیشتر است. معروف تر چای قرمز شامل "چای قرمز جی مان"، "چای قرمز نینگ هنگ"، " چای قرمز استان فوجیان"، " چای قرمز استان کانتون" و " چای قرمز استان یوننان" است. چای نیمه تخمیر شده به عنوان چای اولانگ یا چای سبزآبی شناخته شده است. طعم چای اولانگ ترکیب عطر تازه و طبیعی چای سبز و عطر تخمیر شده چای قرمز است. معروفترین جای تولید چای اولانگ شهر آنگ شی استان فوجیان است و معروفترین چای اولانگ از جمله "چای اولانگ آنگ شی"، "چای روی سنگ اوگ ای"، "چای فونگ هانگ" و " چای اولانگ دونگ دینگ" است. چای سفید چای کم تخمیر شده است. چای سفید رنگ نقره ای و عطر تازه دارد. چای سفید چین شامل " گل صد تومانی استان فوجیان" و "سوزان نقره ای" است. چای زرد هم چای تخمیر شده است. مرحل تهویه چای زرد با چای سبز مشابه و فقط مرحله فرایند تخمیر دارد. چای زرد معروف شامل "چای زود کوه مانگ دینگ" و "چای زود کوه هوی" است. برگ تازه چای با تخمیر عمیق به رنگ سیاه تبدیل می شود و نام آن چای سیاه است. چای سیاه می توان مستقیما با آب جورش بخورند و یا به آجر چای بسازند. "چای پور" معروفترین چای سیاه به شمار می رود.

مردم شش گونه چای مذکور را بار دیگر پردازش می کنند و محصولات چای دیگر مثل چای گل، چای فشرده، چای عصاره، چای میوه و چای دارویی را می سازند. چای گل نام " قطعات معطر" هم دارد. مردم چای تازه با گل های معطر را به هم تخمیر می کنند و چای گل به دست می آورند. چای گل عطر و طعم غنی رنگ تیره دارد و مورد علاقه مردم شمال چین است. عمدتا چای گل از انواع چای خام مثل چای سبز، چای سیاه و چای اولانگ و گلهای تازه مختلف مانند گل یاس، گل ماگنولیا و گل درخت غارساخته می شود. در میان آنها، تولیدات چای گل یاس بسیار زیاد است. چای قرمز و چای سیاه را بخار پز و با فشار شدید رطوبت را خالی می کنند تا چای فشرده تهویه بشود. چای فشرده چون سبک و خشک است، آسان حمل و ذخیره می کند. چای فشرده عطر و طعم دلپذیر دارد و مورد استقبال اقلیت های قومی می شود. مردم مغولستان چای فشرده با شیر است یا گوسفند می پزد تا چای شیر درست بشود. چای کره تبتی و چای پور استان یوننان نیز نماینده های چای فشرده هستند. چای عصاره هم محصول پردازش چای است. انواع چای را آب پز، فیلتر و خشک می کنند تا چای عصاره جامد یا مایع بشود. چای عصاره در زندگی ما هم بسیار رایج شامل نوشابه چای، چای فوری و چای کنسروی است.

چای معروف چین که رنگ، عطر و طعم ممتاز دارد، بیشتر از برگ های درخت چای عالی که در شرایط طبیعی ممتاز قرار دارد تهویه می شود. این برگ ها را با دقت از درخت می چیند و با مهارت غربالگری و تهویه پیشرفته ساخت و ساز می شود. در چین، انواع چای بسیار زیاد است و هر نفر ترجیح خود را دارد. به طور کلی، مردم شمال چین چای گل با عطر سنگین را دوست دارد ، مردم جنوب چین چای سبز می پسنند، مردم جنوب غربی چین بیشتر چای پور می خورند، مردم استان های فوجیان، کانتون و تایوان از چای اولانگ دلپذیر هستند و مردم دامداری بیشتر چای کره مصرف می کنند. برخی می گویند، چای سبز چون طعم قابض دارد، نمایش خوی شاعران جنوب چین است. چای قرمز مردم را آرام می کند و مانند دختر زیبا است. چای اولانگ سمبل عقل و

چای «لی» که توسط زن هاکاس منطقه نینگ هوای استان فو جیان تولید شده است

دانش سالمندان و عطر و طعم دلپذیر دارد. چای گل مانند بازار پر جنب و جوش، مردم را خوشحال می کند. بنابراین، با آشنای نوع چای که کسی می پسند، می توان زادگاه و شخصیت و خوی ایشان را بفهمید.

علاوه بر این، برخی از اقلیت های قومی چین انواع محلی چای و آداب و رسوم چای خوری مخصوص به خود دارد. اقلیت قومی بای استان یوننان با "چای سه فنجان" مهمان گرامی را پذیرش می کنند. طعم چای فنجان اول تلخ و دو فنجان دیگر شیرین است با معنی این که کس با سرگذشت تلخ زندگی شیرین به دست می آرد. اقلیت قومی دونگ "چای روغن" دارد یعنی برگ چای، آجیل و روغن، نمک با هم مخلوط و آب پز می کنند. اقلیت قومی توجای استان هوبئی "سوپ چای" درست می کنند. آنان برگ چای، زنجبیل، احشایی خوک، گردو، سویا سرخ شده، بادام زمینی سرخ شده و غیره را در آب می پزند و سوپ چای می سازند. اقلیت قومی هوی استان نیگ شیا با "چای کاسه بزرگ" مهمانان گرامی پذیرش می کنند. آنان آب جوش به کاسه ای که پر از چای، شکر، عناب قرمز، کنجد، گردو، کشمش و غیره است می ریزند و با دو دست پیش مهمان خدمت می گذارند. اقلیت قومی کیو ژای "چای له شده" را بسیار دوست دارد. مردم قومی کیو ژای برگ چای، کنجد، بادام زمینی و برخی از گیاهان دارویی را مخلوط و له می کنند و بعد پودر آن را در آب جوش می کنند. مردم دامداری چای کره درست می کنند. آنان در حالی که چای می جوشند، کره و شیر و چاشینی های مختلف هم به چای می ریزند. در مناطق دامداری انواع سبزیجات کم یاب است، چای یکی از منابع مهم ویتامین ها و عناصر کمیاب مردم محلی است. به غیر از چای مذکور، در مناطق کوهستانی استان های هونان، گوئیژو

نقاشی «مسابقه چای» سلسله سونگ، صحنه برگزاری مسابقه چای در آن زمان را ترسیم کرده است

و گونگ شی، نوعی چای عجیبی یعنی "چای کرم" وجود دارد. در واقع، "چای کرم" مدفوع خشک کرم درخت چای است. این چای نه تنها طعم دلپذیر و لذت بخش بلکه کاربرد رفع تشنگی، ارزش دارویی و بهداشتی دارد. با توجه به انواع کرم و چای که کرم ها می خورند، "چای کرم" را به "چای کرم سه برگ"، "چای کرم سفید" و "چای کرم هوگ شیانگ" تقسیم می کنند. در میان آنها، "چای کرم سه برگ" تولید شهر بو استان هونان گرانبهاترین چای کرم است. رنگ آب پخته این چای روشن و طعم شبیه چای پور دارد.

تارخ فرهنگ چای چین بسیار طولانی است. لو یو (از سال ۷۳۳ بعد از میلاد تا سال ۸۰٤ بعد از میلاد) سلسله تانگ به توسعه آداب و رسوم چای خوری و گسترش فرهنگ چای خدمت بزرگی کرد. ایشان بر اساس مستند تاریخی در باره چای و تجربه پرورش چای خود، اولین کتاب جهان در باره چای به نام <چای> را نوشت. این کتاب کل اطلاعات در باره چای مثل منشاء، تاریخ، کیفیت،انواع چای و شخصیت های درخت چای، شیوه برداشت و پخت و پز چای، ظروف چای ، تجربه چای خوری و غیره را به طور مفصل یاداشت کرد و سند مهمی در باره فرهنگ چای چینی بود. کتاب <چای> به گسترش فرهنگ چای به کل مناطق چین و سراسر جهان در سلسله های تانگ و سونگ کمک بزرگی کرد و تا حال حاضر در موزه های ژاپن، کره، ایالات متحده و بریتانیا، کتاب های باستان ترجمه <چای> هم نمایش می دهد. بنابراین، مردم باستان چین هم لو یو را به عنوان "خداوند چای" پرستش می کردند.

برگزاری مسابقه چای توسط کشاورزان چای روستای تیان شی شهر وویی شان استان فوجیان

قوری چای منطقه یی شینگ که در دوران پادشاه چیان لونگ سلسله چینگ ساخته شده و اکنون در موزه استان گوانگ دونگ نگه داری می شود.

در اواسط سلسله تانگ، مردم "مسابقه چای" برگذار می کردند. کیفیت برگ چای و مهارت پخت و پز چای را ارزیابی و مسابقه می کردند. در سلسله سونگ، مسابقات مختلف چای هم بسیار رونق گرفت، پادشاه و وزیران و مردم عادی هم این مسابقات را شرکت می کردند. نه تنها در مناطق تولید چای بلکه در معابد و بازارهای چای مسابقه چای هم برگذار می کردند. بسیاری چای های معروف چین با مسابقه چای ارتباط مستقیم و یا غیر مستقیم داشتند. در مسابقه چای، معمولا دو سه نفر گرد هم می آمدند و چای گرامی خود را جوش می کردند. آنان رنگ و طعم آب چای را رقابت می کردند. چای با طعم "معطر و شیرین" و آب "بی رنگ" کیفیت برتر داشت. در عین حال، به جای ظرف سفید و آبی ، فنجان سیاه (مثلا ظروف سیاه چینی منطقه جیان یانگ استان فوجیان) رنگ پیش آمد. چون آب سفید چای در فنجان سیاه زیبایی خاصی نمایش می داد.

کتاب <چای> سلسله تانگ و مسابقه چای سلسله سونگ در روند توسعه فرهنگ چای چین نقش مهمی داشت و به استادرد ارزیابی کیفیت برگ چای

و آب، دمای آب، مقدار چای و زیبا شناسی ظروف چای خوری مردم مدرن چین تاثیر قابل توجهی گذاشت. از نظر مردم باستان چین، آب چشمه کوهستانی بهترین آب برای جوش چای است و آب رودخانه، برف و باران هم مناسب است. اما آنان با آب چاه چای را جوش نمی کردند. البته، این تجربه مردم باستان است. با تحقق مدرن، آب چاه که پر از مواد معدنی است، واقعا برای جوش چای مناسب نیست. بیشتر انواع چای با آب داغ صد درجه سانتیگراد سازش می کند، اما برای چای سبز و چای کم تخمیر آب کمتر از ۹۰ درجه مناسب است. مقدار چای هم با انواع چای مربوط است و معمولا از یک چهارم تا سه چهارم قوری پر می کند. ظروف چای خوری هم بسیار مهم است. مردم با ظروف چینی چای گل می خورند چون قوی چینی عطر چای گل را خوب نگهداری می کند. لیوان شیشه ای برای چای سبز مناسب است و شما می توانید از شیشه شکل و رنگ برگ های زیبا چای سبز را تماشا کنید. در باره چای تخمیر یا نیمه تخمیر، ظروف سفالی بهترین انتخابات است.

قبل از سلسله تانگ، ظروف غذاخوری با ظروف چای خوری تفاوتی نداشت. در اواخر سلسله تانگ، ظرف چای خوری مخصوص یعنی چای قوری سفالی بنفش اختراع شد. بر خلاف ظروف سفالی عادی، چای قوری سفالی بنفش از لجن بنفش و قرمز خام شکل گیری و با آتش حدود هزار و صد درجه سانتیگراد ساخته می شود. روی دیوار داخل و خارج این قوری لعاب ندارد و زیر میکروسکوپ شش صد برابر، سوراخ های ریز روی دیوار قوری مشاهده می شود. بنابراین، چای قوری سفالی بنفش از یک طرف عطر و طعم چای را خوب نگهداری می کند و از طرف دیگر چون چاله ای در درب قوری وجود دارد، بخار چای روی دیوار داخلی قوری چگالش نمی کند. در همین حال، می توان چای قوری سفالی بنفش مستقیما بر روی آتش بگذارند و چای جوش کنند.

شهر ای شینگ محل استان جیانگ سو معروف تولید چای قوری سفالی بنفش است. شهر ای شینگ در کنار دریاچه تای هو واقع است و نه تنها یک پایگاه معروف تولید چای بلکه به عنوان "پایتخت سفالی" شناخته می شود. از سلسله سونگ، چای قوری سفالی بنفش ای شینگ به تدریج رایج و تا سلسله مینگ، این قوری در سراسر کشور مشهور شد. بعد از آن، بسیاری از اهل قلم به طور مستقیم در طراحی و تولید چای قوری سفالی بنفش شرکت می کردند. چای قوری سفالی بنفش هم حامل انواع هنر و فرهنگ مثل شعر، نقاشی، کنده کاری، مجسمه سازی و با ارزش هنری بالا و ارزش عملی بود. قیمت چای قوری سفالی بنفش گرانبها از طلا همان وزن بالاتر و به سمبل دانش، طبقه اجتماعی و ثروت تبدیل شد. چای قوری سفالی بنفش با مالش مکرر دست، صاف و روشن می شود. چای در چای قوری سفالی بنفش قدیم عطر و طعم دلپذیر هم دارد. بنابراین، کسی که چای خوری را دوست دارد، به چای قوری سفالی بنفش هم علاقه زیادی دارد.

چای قوری سفالی بنفش بهترین ظرف برای چای " کونگ فو" است. " کونگ فو" نام گونه ای چای نیست، اما نام آداب و رسوم سنتی چای خوری جنوب استان فوجیان و منطقه چاجوگ استان کانتون است. چون شیوه جوش چای "کونگ فو" بسیار پیچیده و مانند تمرین "کونگ فو" چین است، آن را چای " کونگ فو" نامیده شده است. شیوه درست چای " کونگ فو" از سلسله تانگ وراثت می کند و مانند مراسمی است. طبق آداب و رسوم اصلی، حداکثر چهار نفر باهم از چای "کونگ فو" لذت می برند. مهمانان معمولا در اطراف میزبان می نشینند و میزبان چای را درست می کند و به فنجان های مهمانان می ریزد. قوری چای "کونگ فو" کوچک و تنها به اندازه مشتی است. فنجان های چای "کونگ فو" هم به اندازه نیمکره توپ پینگ پنگ و بسیار ظریف است. چای اولانگ نیمه تخمیر شده با "برگ سبز با لبه قرمز" مناسب درست چای "کونگ فو" است. میزبان با این چای قوری را پر کند و برای شستشو ظروف و چای، آب جوش روی قوی و فنجان های می ریزد. بعد، آب توی قوری را خالی می کند و بار دیگر آب جوش توی قوری می ریزد. بعد، آب چای را به نوبت از قوری به چهار فنجان می ریزد. اما معمولا در ریزش اول فقط هفتاد در صد فنجان را پر می کند. چند لحظه دیگر، تا اسانس چای بیشتر به آب نفوذ می کند و بار دیگر می ریزد و فنجان ها را پر کند.

هنرمندی در حال نمایش مهارت دم کردن چای کونگ فو

لوازم دم کردن و صرف چای «کونگ فو» منطقه جیه یانگ استان گوانگ دونگ

چای خوری همچنین دارای قواعد خاصی دارد. مردم قبل از چای خوری معمولا با آب خالص دهان خود را شستشو می کنند تا طعم چای بهتر می شناسند. چون چای "کونگ فو" رنگ و عطر دلپذیر دارد، قبل از خوردن چای "کونگ فو"، این چای را بو و رنگ آب چای را تماشا می کند. مردم معمولا چای را آهسته می خورند تا طعم و بوی چای به تدریج از نوک زبان به گلو گسترش بشود. در حالی که چای می خورند، چهار نفر هم باهم صحبت و در باره همه موضوع تبادل نظر می کنند. چای "کونگ فو" سمبل هماهنگی انسان با طبیعت است و منعکس کننده روح پرستش طبیعت و آزادی مردم چین و شخصیت آرام آنان است.

در چین، چای خانه های مختلف وجود دارند. این چای خانه ها فضای دلپذیر، ظروف قشنگ و ظریف و چای ممتاز دارند و خلق و خوی مردم را آرام و مسالمت آمیز می سازند. چای خانه قدیم چین از سلسله سونگ رونق گرفت. در آن زمان، در برخی از قهوه خانه های لوکس، نه تنها تصاویر مشهور در دیوار حلق آویز می شد، بلکه گل و بونسای زیبا در محیط داخلی می چیدد. مهمانان هم از موسیقی کلاسیک لذت می بردند، هم چای می خوردند. در زمان

مشتریان در چایخانه «لائوشه» پکن در حال نوشیدن چای به تماشای برنامه های هنری می نشینند.

پادشاه چیانگ لونگ (از سال ۱۷۳۶ بعد از میلاد تا سال ۱۷۹۵ بعد از میلاد) و جیاچینگ (از سال ۱۷۹۶ بعد از میلاد تا سال ۱۸۲۰ بعد از میلاد) سلسله چینگ، مردم پکن می توانستند در چای خانه های درام پکنی را تماشا کنند. بنابراین، تئاتر پکن هم "باغ چای" نام داشت. در حال حاضر، چای خانه به یک صنعت خدمات بسیار محبوب توسعه یافته و به ویژه در شهرهای جنوب چین چای خانه های مدرن بسیار زیاد است. برخی چای خانه های قهره، نوشابه و شیرینی هم سرویس می دهند و برخی دیگر مثل رستوران غذاهای مختلف چینی و فرهنگی هم دارند.

در حال حاضر، چای خانه "لای شع" به معروف ترین چای خانه سنتی پکن شمار می رود. چای خانه "لای شع" تزئینات سنتی چین و نمایش های درام پکن و داستان گویی دارد. مردم در آنجا از چای و نمایش لذت می برند، همچنین می توانند سوغات در باره "فرهنگ چای" بخرند.

چای خانه در جنوب چین همچنین به عنوان "ژوی" شناخته شده است. مردم شهر گوانگژو چای را ضرورت روزانه خود می دانند. هر روز صبح زود، آنان به چای خانه ها می روند و هم صبحانه می خورند و هم از شیرینی مختلف و چای لذت می برند. همچنان که بریتانیایان در بعد از ظهر چای سیاه می خورند، مردم کانتونی عادت می کنند در صبح چای مصرف کنند. بریتانیایان چای سیاه دوست دارند و شیر و شکر هم به چای می ریزند، اما کانتونیان چای سبز بیشتر می پسند.

مردم استان سیچوان دارای سابقه طولانی چای خوری هستند. در چنگدو، پایتخت استان سیچوان چای خانه ها تقریبا در همه جا واقع هستند. چای خانه

مشتریان در چایخانه داخل معبد "وو هائو" شهر چنگ دو

چنگدو با میخانه پاریس و قهوه خانه وین قابل مقایسه است. چای خانه بزرگ چنگدو صدها نفر می گنجد و چای خانه کوچک فقط چند میز دارد. اما صرف نظر از اندازه، همه چای خانه ها پر از محیط سنتی و منحصر به چنگدو هستند. همه ظروف چای خانه ها چینی و با الگوها و نقاشی های سنتی هستند. مردم چنگدو بیشتر چای گل می خورند چون آنان غذاهای تند را دوست دارند و چای گل آدم را خنک و آرام می کند. پیشخدمت های چای خانه از قوری مسی بزرگ به فنجان های مهمانان چای می ریزند. فواره این قوری بزرگ دراز و شبیه اژدهایی است و آب چای از دهان اژدها می ریزد. در چای خانه های چنگدو، سالمندان از اوقات فراغت، چای و نمایش ها را لذت می برند و جوانان در باره تجارت بحث می کنند. چای خانه هم جای تعامل و سرگرمی است. مردم چنگدو می توانند در چای خانه آجیل بخورند، کتاب و روزنامه بخوانند، شطرنج و کارت بازی کنند و حتی می توانند بر روی صندلی بامبو دراز بکشند و بخوابند. امروز، بسیاری از چای خانه ها سرویس اینترنتی هم می دهند و فیلم ها را پخش می کنند. با آن که تغییرات فراونی پیش آمد، محیط آرام و راحت چای خانه های چنگدو همیشه باقی مانده است.

چین ضرب المثلی دارد: "چای ذهن و روح آدم را پاک می شود ". مردم چین که چای دوست دارند، به آسانی می توانند از عطر و طعم چای احساس دنج، آرام و گرما به دست بیاورند. می توان گفت، چای نه تنها سلامت و سرگرمی به مردم می دهد، بلکه بدن و روح آنان را تکمیل می کند. چای هم منعکس کننده نظریه هماهنگی با طبیعت و زیبایی شناسی چینی هست.

لذت شراب خوری

چینیان سلسله هان شراب را "آب خداوند" و هدیه فوق العاده طبیعت به بشر می دانستند. شراب نوشابه خاص و محبوب چین و سراسر جهان است. اروپا زادگاه شراب انگور و چین زادگاه شراب زرد است. با تحقق باستان شناسی، در اواسط دوره نوسنگی که تقریبا شش هزار سال پیش بود، چینیان ظروف سفالی شراب خوری مخصوصی می ساختند. در کتاب های باستان نیز داستان های بسیاری در مورد منشاء و اختراع شراب رکورد کرد، مثلا میمون ها شراب را ساختند، پادشاه یائو شراب را اختراع کرد، یی دی و دو کانگ شراب را می ساختند. اما این همه تارخ واقعی نبود. در سلسله شانگ، شراب سازی و شراب خوری بسیار محبوب شد. در مستند باستان سلسله شانگ، شراب چیز فداکاری به نیاکان هم هست. در کتاب < سوابق تاریخی > سلسله هان، رکوردی همچنین دارد که "پادشاه سلسله شانگ استخر پر از شراب را ساخت". باستان شناسان در آرامگاه های اشراف زادگان سلسله شانگ تعداد زیادی ظروف شراب برنزی مثل جام، گوع (جام شراب برنزی باستان چین)، ژون (جام شراب برنزی باستان چین)، ایو (جار شراب برنزی باستان چین)، ای (جار شراب برنزی باستان چین) کشف کردند. در حالی که در چین باستان تعدادی ظروف شراب جنازه شده هم با وضعیت شریف و سطح کلاس صاحب آرامگاه مرتبط بود. در سال ۱۹۸۰ آرامگاهی اواخر سلسله شانگ در شهر شینگ ژیانگ استان هنان کشف شد و در این

ظرف دسته دار با تصویر سیمرغ به نام «یوئو» (دوران سلسله جوی غربی). «یوئو» نوعی ظرف است که در دوران سلسله های شانگ و جوی غربی رایج بود. این ظرف نوعی شراب خوری بود. بیشتر بخش های این ظرف بیضی و یا به شکل گرد است و پایه هم دارد. روی بدنه این ظرف معمولا تصاویر زیبا حکاکی می شد.

تفاله غلات تخمیر شده که به تازگی جوشیده شده (برای شراب سازی) در کارگاه شراب سازی یی بین استان سی چوان

قایقی حامل نوعی شراب در شهر باستانی جو جوان شهر سو جو

آرامگاه ظرف ایو وجود داشت. این ایو دارای مهر و موم و هنوز هم پر از شراب بود. این قدیمی ترین شراب که در چین کشف شده و حالا در موزه شهرک ممنوعه پکن است.

چینیان سنتی دارند که شراب غلاتی را می سازند. مردم چین قناوری ساخت و ساز شراب با مخمر را اختراع کردند. مواد اصلی مخمر شراب دانه های جوانه زده گندم و برنج بود. مردم از این دانه های جوانه زده استفاده می کردند و مخمر شراب را ساختند. مخمر شراب شامل باکتری هایی هست که می تواند مواد نشاسته ای غلات را به قند تبدیل کند. مردم چین از غلات مختلف مخمر می سازند تا انواع متفاوت شراب را بسازند. در سلسله نا بی چا (از سال ۴۲۰ بعد از میلاد تا سال ۵۸۹ بعد از میلاد) فناوری ساخت و ساز مخمر شراب به سطح بالا رسیده و کتاب <چی مین یائو شو> آن زمان، دوازده شیوه ساخت مخمر شراب را رکورد داشت.

چون شراب سازی وابسته به تخمیر طبیعی است. به طور عمده مردم باستان طبق تجربه خود شراب را تخمیر و تولید می کردند و هیچ استاندارد آزمایش کیفیت شراب نداشت. اما پس از هزاران سال، با انباشتن تجربه کافی، فناوری تخمیر شراب چین کاملا بالغ شد و اصول و روش های اساسی آن به طور گسترده مورد استفاده می شد. تا به حال، در بسیاری از مناطق چین، مردم هم در خانه شراب را می سازند. برخی باور هستند بهترین شراب از کارخانه تولید شراب نیست، بلکه از تولید خانوار خصوصی است. مردم چین مخمر "دا چو" به برنج می ریزند و بیش از یک ماه در جار مهر می کنند و شراب چهل تا

پنجاه درجه الکل به دست می آرند. آنان مخمر "گن می جوین" به برنج می ریزند و بیش از یک ماه در جار مهر می کنند و شراب برنج شیرین به دست می آرند. در استان های جنوبی چین، شراب سازی بسیار رایج است. صرف نظر از شراب تند یا شراب شیرین، بیشتر در جای مهر شده می ماند، کیفیت بهتر می شود.

چین کشور بزرگ است و در مناطق مختلف انواع محصولات کشاورز، کیفیت آب، آب و هوا و فناوری شراب سازی تفاوت فراوانی دارند. بنابراین، همه شراب های مختلف محلی ویژگی های خود دارند.

شراب زرد یعنی "شراب برنج" یکی از قدیمی ترین نوع شراب در جهان و همچنین یکی از سه شراب تخمیر شده (شراب زرد، شراب انگور و آبجو) است. شراب زرد نمونه فناوری شراب سازی شرقی است. مواد خام تولید شراب زرد در شمال چین سورگوم، ارزن و برنج زرد و در جنوب چین برنج است. شراب زرد حدود ۱۵ درجه الکل دارد. طعم و مزه شراب زرد شیرین است. رنگ این شراب معمولا زرد و شفاف است و شراب سیاه یا قرمز رنگ هم وجود دارد. در چین باستان، فناوری فیلیتر شراب بالغ نبود. چون بیشتر شراب غیر شفاف بود، مردم باستان شراب را "شراب گل آلود" هم می گفت.

در سلسله سونگ، چون مرکز اقتصادی و فرهنگی چین از شمال به جنوب انتقال کرد، صنعت تولید شراب زرد در منطقه جنوب چین هم رونق گرفت. در سلسله یوان، در شمال چین سوجو محبوب شد و تولید شراب زرد نسبتا کاهش یافت. اما مردم جنوب سوجو را کم می خوردند، بنابراین، فناوری تولید شراب زرد در جنوب چین حفظ شد. در سلسله چینگ، شراب زرد شهر شانگ شینگ در سراسر کشور بسیار معروف بود، و حتی در حال حاضر مردم هنوز هم به شراب شانگ شینگ را ترجیح می دهند.

شراب شانگ شینگ نمایده شراب زرد است و در عین حال شراب زرد "نو ار هانگ"، "چان یان هانگ" و "ها دیان" به شراب لوکس شمار می رود. شراب زرد معمولا از برنج ساخته و طعم شیرین و بوی دلپذیر دارد. چون شراب زرد محتوای الکل کم دارد، مردم که این شراب را می خورند، زود مست نمی شوند. در عین حال، الکل شراب زرد تفکر و عاطف خورنده را تحریک می کند و خلاق و تخیل غنی به دست می آورد. بنابراین، بعضی شاعران و نویسندگان باستان چین بعد از مصرف شراب زرد آفرینش می کردند.

شراب قوی سنتی چینی (سوجو سنتی) نماینده شراب مقطر است. در حدود قرن ششم تا قرن هشتم، مردم چین شراب مقطر را می ساختند. دستگاه ساده تقطیر یکی از اختراع تکنیک های شراب سازی مردم چین باستان بود. در اواخر قون ۱۹ و اوایل قرن ۲۰، پس از معرفی علوم میکروبیولوژی، بیوشیمی و مهندسی غربی به چین، فناوری شراب سازی چین به طور چشمگیری تغییر کرده بود. همراه با ارتقا سطح مکانیزی و گسترش مقیاس تولید، شراب قوی به عمدهترین شراب مصرف شده مردم چین تبدیل شد. با توجه به تفاوت مواد اولیه شراب سازی، شراب قوی با طعم های مختلف وجود دارد. به طور عمده، انواع طعم های شراب قوی به طعم"جیان"، طعم"نون" ، طعم"چینگ"، طعم برنج، طعم "گو"، طعم کنجد و طعم "جیان" و غیره تقسیم می شود. استان های گوئیژو و سیچوان که در جنوب غربی چین واقع است، شراب قوی با کیفیت بالا تولید می کند. شراب قوی در سراسر چین زیاد و شامل شراب ماتای استان گوئیژو، شراب او لیانگ ایا و لو چو لا جیای استان سیچوان، شراب فون و ژای ریه چینگ استان شانشی و شراب شی فون استان شانگ شی است. غربیان در مناسبات مختلف شراب متفاوت می خورند. گاهی اوقات، شراب هم سمبل هویت و سلیقه کسی است و عرق تند چین هم طبقه بندی دارد و مردم چین هم طبق طعم و سلیقه خود شراب قوی را انتخاب می کنند.

شراب ماتای استان گوئیژو نماینده شراب قوی طعم"جیان" است و "شراب ملی" چین به شمار می رود. شراب ماتای همراه با ویسکی اسکاچ و کنیاک

کارگاه شراب سازی «مائو تای» شراب معروف استان گوی جو

رودخانه چی شوی منطقه گولین شهر لو جو استان سی چوان به علت آن که آب این رودخانه برای شراب سازی دو شراب معروف چین یعنی مائو تای استان گوی جو و لانگ جیو استان سی چوان مورد استفاده قرار گرفته، «رودخانه شراب» هم نامیده شده است.

فرانسوی "سه شراب مقطر معروف در جهان" است. شراب ماتای از سورگوم با کیفیت بالای محلی و تخمیر گندمی ممتاز ساخته می شود. مراحل شراب سازی هم بسیار سخت و دقیق و شامل مواد گذاری، تقطیر، تخمیر و غیره است و یک سال طول می کشد. شراب ساخته شده بیش از سه سال ذخیره و سپس با شراب قدیم مخلوط می شود. تا قبل از بسته بندی، باز هم برای یک سال در مخزن می ماند. در کل فرآیند شراب سازی، کوچکترین ادویه هم نمی ریزند، اما در روند تخمیر بیش از صد نوع عطر در شراب ساخته شکل گیری می شود، درجه الکلی شراب هم در بین ۵۲ تا ۵۴ تثبیت می کند. بسیاری از کارخانه شراب سازی مهارت های عملیاتی، محیط تخمیر و ذخیره، مواد اولیه شراب سازی ماتای را تقلید می کنند، اما حتی با کمک با تجربه ترین شراب سازان ماتای، نمی توانند طعم"جیان" خاصی و عمیق ماتای را بسازند. هر نوع شراب زادگاه خود دارد. مانند شراب ماتای، بسیاری از شراب های معروف چین مهارت و دخمه مخصوص به خود را دارند. مثلا دخمه شراب لوژو در زمان پادشاه وانگ لی (از سال ۱۵۷۳ بعد از میلاد تا سال ۱۶۲۰ بعد از میلاد) سلسله مینگ مورد

حضور مردم شهر هاربین و گردشگران در جشنواره آبجو که در این شهر برگزار شد

نقاشی حک شده روی صفحه مسی در سال
۱۸۶۱ میلادی که نوشیدن شراب و قماربازی
چینی ها را نشان می دهد. این نقاشی در مجله
تصویری « L'unirers illustre » فرانسه به
چاپ رسید.

جوانان در بارهای خیابان سن لی تون شهر
پکن در جریان برگزاری مسابقات جام جهانی
فوتبال سال ۲۰۱۰ آلمان

استفاده می شد و تا به حال تارخ چهارصد سال دارد.

با تحقق پزشکی مدرن، ترکیبات فنل در شراب کاربرد جلوگیری از تجمع چربی در شریان ها و تاخیر پیری دارد. اسید فولیک، اسید پانتوتنیک، اسید آلفا در شراب می تواند باکتری های خاصی را مهار کند و کابرد سم زدایی هم دارد. یون پتاسیم و الکل شراب هم کاربرد ادرار آور و ترویج دفع نمک دارد و تعادل مقدار نمک بدن را حفظ می کند. بنابراین، مقدار مناسب شراب دارای کاربرد ارتقاء بهداشتی و درمان دارد. مردم چین با دانش طب سنتی، انواع شراب های دارویی برای جلوگیری و درمان بیماری هم می سازند. مثلا مردم شراب استخوان ببر و شراب مار برای درمان روماتیسم و کبودی، شراب قرقاول برای درمان بیماری های زنان، شراب مارمولک برای درمان بیماری های ریوی، شراب کیسه صفرا مار برای درمان روماتیسم و برونشیت را می سازند. در سال های اخیر، طب مدرن به تدریج به کاربرد خاصی شراب های دارویی توجه بیشتر می دهد و به نوآوری شراب دارویی پی گیری می کند.

مردم چین آبجو هم دوست دارند. آبجو نوعی شراب خارجی و در اوایل قرن ۲۰ به چین معرفی شد. قدیمی ترین کارخانه آبجو در سال ۱۹۰۰ در شهر هاربین ساخته شد. بعد از یک قرن، در حال حاضر، آبجو به یکی از محبوبترین شراب چین تبدیل شده است. چون آبجو حاوی دی اکسید کربن است، مردم را احساس خنک و راحت می کند. بنابراین، آبجو به یکی از محبوبترین نوشابه های تابستانی تبدیل شد. در عین حال، آبجو کاربرد ترویج هضم، تحریک اشتها، ترویج گردش خون دارد و برای درمانی بیماری های قلبی و فشار خون بالا نیز اثر خاصی دارد.

به خصوص در ده سال گذشته، با توسعه سریع اقتصاد چین، شیوه زندگی و رژیم غذایی مردم چین متنوع می گیرد. شراب های خارجی مثل براندی، ویسکی، رم، ودکا، شراب انگور، شراب میوه و غیره به چین معرفی می شود. فرهنگ بار که در چین پررونق می شود، نیز نشان دهنده مد مصرف جوانان چین است. بسیاری از خارجیان از محبوبیت بار در شهرهای چین شگفت زده هستند. روند بین المللی این بارها نشان دهنده شرایط آزاد و راحت مردم چین است.

از زمان های قدیم، شراب و چای با زندگی، ژریم غذایی و فعالیت های مختلف اجتماعی مردم چین جدایی ناپذیر است. در مراسم عبادتی، ضیافت و جشنواره و عید، شراب چیز ضروری می دانستند. حتی در نظر برخی از مردم چین، شراب مهم تر از غذا است. آنان می توانند غذا بخورند، اما نمی توانند زندگی بدون شراب را تحمل کنند. در تاریخ تمدن هزاران سال، شراب به عنوان بخش مهمی از فرهنگ غذایی چین و یک اشکال فرهنگی خاص، تقریبا در تمام زمینه های زندگی اجتماعی مردم چین نفوذ شده و به تاریخ سیاسی، ادبیات، هنر، مذهب و فرهنگ، علم و فناوری، آداب و رسوم محلی، روانشناسی اجتماعی و زمینه های مختلف غیره تأثیر زیادی داشته است.

در چین باستان، غلات تنها مواد اولیه شراب سازی بود. حاکمان فقط در سال هایی که محصولات غلاتی کافی تولید می شد، اجازه ساخت و ساز شراب می دادند. بنابراین، شراب فشارسنج تولیدات محصولات غلاتی باستان چین بود. شراب با معیشت مردم و مالیات دولت ارتباط مستقیم داشت. در سومین سال حکومت پادشاه هان او دی سلسله هان (سال ۹۸ قبل از میلاد)، دولت مرکزی سیاست انحصار شراب فروشی را اجرا کرد. از آن به بعد، مالیات منحصر شراب سازی و شراب فروشی به یکی از منابع اصلی درآمد هر سلسله فئودالی تبدیل شد. اغلب تغییرات سیاست انحصار شراب با تعویض سلسله و پادشاه یا برخی فعالیت های مهم سلطنتی ارتباطی داشت.

اهل قلم چینی باستان شراب را بسیار دوست داشتند. به خصوص در سلسله تانگ و سلسله وی جین (از سال ۲۲۰ بعد از میلاد تا سال ۴۲۰ بعد از میلاد) شاعران و دانشمندان زیاد شراب می خوردند. در سلسله وی جین، آنان در باره نا آرامی اجتماعی و بی عدالتی حکومتی تبادل نظر می کردند. در

نوعی شراب ویژه که توسط قوم توجیای چین تولید می شود.

تبریک سال نو و تعارف برای نوشیدن شراب بین مردم قوم دونگ

عین حال، آنان هم زیاد شراب می خوردند و درماندگی و نارضایتی خود را ابراز می دادند. از آن به بعد، شراب خوری اهل قلم کار زشت و تضعیف روحیه نمی دانستند، اما به عنوان ظرافتی دیده می شد. مردم در باره روابط بین شراب، شعر و اهل قلم رویای عاشقانه داشتند. در سلسله تانگ، اهل قلم شراب را بیشتر می پسندند. بعضی شاعر بزرگ مثل لی بای و دوفو عادت می کردند در حالت مستی آزادی خلاق را به دست بیاورند و شاهکارهای ادبی زیادی ایجاد می کردند. نه تنها شاعران باستان، هنرمندان نقاشی و خوشنویسی همچنان شراب را محرک آفرینش و خلق اثر می دانستند. خوشنویس وانگ شی ژی در حالت مستی شاهکار خوشنویسی <لا تینگ شو> را خلق اثر کرد و خوشنویس های سو بعد از شراب خوری شاهکار خوشنویسی <ژی شو تیه> را انجام داد. خوشنویس ژانگ شو در حالت مستی مثل دیوانه ای فریاد می کشید و می دوید و خلق اثر خوشنویسی هم می کرد. از آنجا که ادبیات، موسیقی، نقاشی، خطاطی و هنرهای دیگر سنتی چین نمایش عاطفی هنرمندان بود و شراب ذهن هنرمندان را خالص و خارج از دنیوی و الهام خلاق آنان را تحریک می کرد. روحیه پیگیری آزادی و فراموش شکوه و جلال هم تصعید فرهنگ شراب چین است.

شراب در ضیافت و فعالیت های اجتماعی مردم چین نقش مهمی ایفا می کند. چین اصطلاح "ضیافت بدون شراب به ضیافت واقعی شمار نمی رود" دارد. چینیان در ضیافت شراب می خورند و شراب هم واسطه رفت و آمد و وسیله تعمیق عاطفه می شود. ضرب المثل "دوستان صمیمانه باهم هزار جام شراب می خورند" نشان می دهد مردم چین به روابط هماهنگی دوستان اهمیت می دهند و تمایل اشتراک گذاری خوشحالی و خوشبختی خود می کنند. بنابراین، به طور

کلی مدت ضیافت چینی یک یا دو ساعت طول می کشد و حتی کل شب وقت می گیرد. در طول ضیافت، مردم چین هم "بازی شراب" می کند تا فضای ضیافت را پر جنب و جوش می کند. "بازی شراب" بازی تفریحی و تشویق شراب خوری و در چین باستان محبوب و یکی از شخصیت های فرهنگ شراب چین به شمار می رود. "باز شراب" گوناگونی دارد. هنرمندان در این بازی شعر و دوبیتی می نویسند و کسی که شعر ضعیف نوشته، شراب می خورد.

مردم چین مهمان نواز هستند و ضیافت وسیله تبادل عاطفی و تعمیق روابط مردم هستند. دوستان گرد هم می نشینند و چند لیوان شراب می خورند، باهم از دوستی صمیمانه لذت و سرگرمی می برند. بنابراین، مردم چین آداب و رسوم "استقبال و پذیرش مهمانان با شراب" را دارند. در آغاز ضیافت، میزبان معمولا برای ابزار احترام به سلامتی مهمانان شراب در جام خود را می خورد. گاهی اوقات، میزبان به نوبت با هر مهمان شراب می خورد و مهمانان هم به سلامتی میزبان شراب می خورند. مهمانان همچنین می توانند بین یک دیگر نان تست می کند. هر چه مهمانان بیشتر شراب می خورند، میزبان خوشحالتر می شود. بنابراین، مردم چین در ضیافت مایل هستند دیگران بیشتر شراب بخورند.

اقلیت های قومی مهمان نواز دارای آداب و رسوم شراب خوری خاصی هستند. مردم قومی مغولی کاسه ای پر از شراب را به جلوی مهمانان خدمت می گذارند و آواز می خوانند تا مهمانان شراب بخورند. در ضیافت اقلیت قومی ژوانگ، میزبان و مهمانان با قاشق سفید پرسلن از کاسه شراب می خورند. اقلیت قومی گو ایو شمال غربی چین دو لیوان شراب به مهمانان نان تست می کند. اقلیت های قومی مایو، چیان و توجای که در جنوب غربی چین زندگی می کنند، آداب و رسوم شراب خوری خاصی دارند. مردم در اطراف کوزه شراب می نشینند و با نی یا لوله ای نازک از کوزه شراب می خورند. اقلیت قومی تبت آداب و رسوم خاصی پذیرش مهمانان دارد. مردم قومی تبت جام پر از شراب جوی تبتی پیش مهمان خدمت می کنند. مهمان با دو دست جام را می گیرد و سپس با انگشت وسط یا انگشت شست به شراب غوطه می کند و سه بار به آسمان می پاشد تا به خداوند آسمان، زمین و بودا را احترام می گذارد. مهمان سه بار شراب می خورد و میزبان هم بلافاصله سه با جامش را پر می کند و بعد از آن، مهمان جام را خالی می کند. در برخی از مناطق اقلیت های قومی، سنت باستان "ائتلاف" هنوز هم حفظ شده است. مردم خون مرغ، گوسفند و حتی خون بازوی آدم را به شراب می ریزند. مردم اقلیت قومی برای ائتلاف بندی یا پیمان بندی، این شراب خون می خورند.

برخی آداب و رسوم سنتی شراب خوری چین تا امروز حفظ شده است. "شراب عروسی" مترادف مراسم ازدواج است، چون در مراسم ازدواج، عروس و داماد به سلامتی پدر و مادر و مهمانان شراب می خورند و عروس و داماد همچنین شراب در جام دیگر را می خورند با نشان " برای صد سال باهم زندگی می کنند". روز بعد از ازدواج، عروس و داماد به خانه زن بازگشت می کنند و در ضیافت خانه زن "شراب بازگشت" هم می خورند. "شراب صد روز" یا "شراب یک ماه" یکی از آداب و رسوم سنتی چین است که یعد از آن که نوزادی صد روز یا یک ماه به دنیا آمد، پدر و مادر برای جشن دوستان و فامیلان را به ضیافتی دعوت می کنند. مهمانان معمولا هدیه ای یا کیسه کاغذی کوچک قرمز (مقداری پول در داخل کیسه است) به نوزاد می دهند. "شراب روز تولد سالمند" ضیافتی است که برای جشن روز تولد افراد مسن برگذار می کند. طبق آداب و رسوم، افراد سالمند چین در سن شصت، هفتاد، هشتاد، نود و حتی صد ساله، فرزندان باید جشن تولد بزرگی سازماندهی می کنند و دوستان و همه خانواده شرکت می کنند. اگر افراد مسن درگذشت، بعد از تشییع، فامیل های درگذشته هم ضیافتی سازماندهی می کنند و شراب هم می خورند.

مردم چین در چند عید یا جشنواره مهم هر سال، شراب های مربوطه مصرف می کنند. مثلا در عید نوروز برای برکت و رحمت سال نو، "شراب نوروز"

زنان آوازه خوان با شراب در گذرگاه ورودی روستای خود از مهمانان استقبال می کنند.

می خورند. در عید قایق اژدها، مردم به منظور دفع شر و دعای امنیت و صلح "شراب سوسن" (سوسن گیاه آب زیست است. شراب سوسن از آب سوسن، جو،نخود و سورگوم ساخته می شود). در جشنواره اواسط پاییز، یکی از آداب و رسوم سنتی خوردن "شراب گل گوی" است و خانواده یا دوستان گرد هم می آیند و هم ماه بزرگ را تماشا می کنند و هم از شراب لذت می برند. مردم بسیاری از مناطق چین در عید چونگ یونگ (یعنی جشنواره سالمندان) کوه نوردی می کنند و "شراب گل داودی" می خورند. همچنین، در عیدهای مهم، برخی از مردم برای بیان غم و اندوه و احترام به اجداد شراب و غذا را جلوی سنگ قبر نیاکان می گذارند.

شراب نوشابه هیجان انگیز است. بنابراین، کسی که تحت تاثیر الکل هنوز هم منش نجیب زاده خود را نگه دارد، مورد احترام و تحسین مردم می باشد. آیین کنفوسیوس مخالف شراب خوری نیست، اما مخالف شراب خوری بیش از حد است. آیین کنفوسیوس حامی "اخلاق شراب خوری" و شراب را وسیله قربانی خداوند، خدمت سالمندان و پذیرش مهمانان می دانستند. آیین کنفوسیوس کاربرد شراب را کادویی، درمانی و شاد آوردی خلاصه می کند. با آن که در بعضی از مناسبات، شراب ضروری است. اما شراب اعتیاد آور است و شراب خوری بیش از حد سلامت را تخریب می کند. افراد مست همیشه ذهن هرج و مرج دارند و کار غیر عاقلانه انجام می دهند. بنابراین، مطابق با دستور دولت چین، کارمندان ادارات دولتی در ناهار روزهای کاری از شراب خوری اجتناب می کنند. برای برخی از کارکنان که روی کارهای حرفه ای خاصی مشغول کار می کنند، همچنین محدودیت های سختتر دارد. مثلا اگر راننده در حین مستی

آوازخواندن برای تعارف به نوشیدن شراب مردم هانی منطقه منگ های استان یون نان برای جشن عید «گاتان پا» (سال نو این قوم)

رانندگی می کنند، با مجازات شدید قانونی رو به رو می شود.

فرهنگ شراب چین دارای سابقه ای طولانی دارد و در خاک فرهنگی چین ریشه می زند. شراب به تمام جنبه های زندگی اجتماعی چین نفوذ می کند و بر شیوه های زنگی، آداب و رسوم محلی، رفت و آمد اجتماعی و حتی شخصیت روانی فردی مردم چین تاثیرات قابل توجه ای دارد. مردم چین با وسیله "شراب"، فرهنگ ها و احساسات مختلف را بیان می کنند. فراز و نشیب های زندگی، شادی، عشق و غم می توان به یک لیوان شراب متمرکز کند و طعم ترش، شیرین، تلخ و تند شراب فقط خود خورنده می شناسد.

غذا و سلامت

مهارت مهم پخت و پز آشپزان چینی هنر ترکیب طعم و مزه ای است. چاشینی های مختلف نه تنها به سلیقه طعم و مزه جواب می دهد، بلکه دارای تابع مراقبت های بهداشتی است. انواع غذاها چون حاوی مواد مغذی مختلف هستند و طعم و بوی متفاوت دارند، به سلامت آدم کمک کم و زیاد دارد. با تکیه بر رژیم غذایی روزانه، می توانیم شرایط جسمانی را افزایش و بیماری را جلوگیری کنیم. این یکی از ویژگی های عمده فرهنگ غذا خوردن سنتی چین است. مردم چین به فلسفه "هماهنگی انسان و طبیعت" توجه ویژه ای دارند، فکر می کنند مواد غذایی نیز باید با حالت بدن مصرف کننده سازگار بشود. بنابراین، در رژیم غذایی مردم چین تابوهای بسیاری هم وجود دارد.

ترکیب طعم های مختلف

از نظر علمی و عملی، سلامت و بهداشتی هدف اصلی رژیم غذایی و تغذیه معمترین نقش مواد غذایی به شمار می رود. اما مردم چین هم به رنگ، بو، طعم و شکل توجه ویژه ای دارند و حتی به ظروف غذایی و محیط غذاخوری اهمیت می دهند. از زمان های قدیم، مردم چین "ترکیب انواع طعم ها" بلد بودند. به منظور به دست آوردن طعم و مزه غنی، چینیان با انواع ادویه و چاشینی غذاها را پخت و پز می کردند. ترش، شیرین، تلخ، تند، شور پنج طعم اصلی غذاها

معدن و میدان باستانی فرآوری نمک در کنار رودخانه لان چانگ در شهرستان کان منطقه تبت چین. این محل در دوران قدیمی یک منطقه مهم برای آماده سازی نمک به شمار می رفت. مردم قوم «ناشی» محلی همچنان روش های اولیه و قدیمی فرآوری نمک را حفظ کرده اند.

بررسی جریان تهیه سرکه توسط کارگران

است و با ترکیب این طعم ها، بیش از پنجصد انواع طعم و مزه به دست می آورد.

شور مهمترین و ساده ترین طعم به شمار می رود. نمک حامل اصلی طعم شور است. بدون نمک، هیچ خوراک نمی تواند طعم خوشمزه خود را ارائه دهد. اما از نظر بهداشتی، نباید بیش از حد نمک را مصرف کنیم.

در رژیم غذایی، ترش نیز طعم ضروری است. به ویژه در شمال چین، چون بیشتر آب محلی قلیایی است و مردم شمالی سرکه را چاشینی مهم در پخت و پز می دانند. سرکه کاربرد کمک هضم و تحریک اشتها دارد و بوی مثل ماهی را کاهش می دهد. بسیاری از چاشینی ها حامی طعم ترش هستند و طعم ترش هم به طعم ترش سرکه ای، طعم ترش آلو و طعم ترش سرکه میوه ای و غیره تقسیم می شود. در چین، انواع سرکه وجود دارد که مواد اولیه، روش و محل تولید آنها فرق می کند. به طور کلی، مردم شمالی چین سرکه تولید استان شانشی را دوست دارند، اما جنوبیان به سرکه برنجی که تولید شهر ژن جیانگ استان جیانگ سو است علاقه ای دارند. مردم استان شانشی نه تنها سرکه را تولید می کنند، بلکه سرکه را عمده ترین چاشینی خود می دانند. حتی بسیاری از مردم شانشی در خانه های خود از غلات و میوه سرکه می سازند.

طعم تند محرک ترین و پیچیده ترین طعم است. تند نه تنها طعم و مزه ای شدید، بلکه بوی قوی است که زبان، گلو، حفره بینی آدم احساس می کند. طعم تند به طور عمده از زنجبیل و فلفل قرمز به دست می آید. از آنجا که فلفل قرمز گیاه خارجی بود و قبل از ورودی آن به چین، مردم چین زنجبیل را مهمترین چاشینی در آشپزی غذاهای دریایی می دانستند. طعم تند نه تنها بوی عجیب غذاها را رفع می کند، بلکه ماهی و گوشت پخته شده را لذیذتر می سازد. وقتی که غذای تند می پزید، باید توجه کنید که طعم تند به طور کامل طعم های دیگر را تصرف نکند. علاوه بر فلفل قرمز، سیر، پیاز، زنجبیل، پیاز سبز و چاشینی های دیگر که طعم و بوی تند دارد، دارای کاربرد ضد باکتری هستند.

با آن که بیشتر مردم از طعم تلخ علاقه ای ندارند، اما چاشنی های حامی طعم تلخ برای پخت و پز بعضی خورش ها بسیار ضروری است. مردم چین هنگامی که گوشت می پزند، معمولا از پوست خشک پرتقال، گل میخک، مغز بادام و چاشینی های دیگر که طعم و بوی تلخ دارند استفاده می کنند. چون این

«چن پی» - پوست خشک شده نارنج و میوه های دیگر از رسته سدابیان است که نوعی مواد دارویی در طب سنتی چین و نوعی چاشنه به شمار می رود. در این تصویر گیاه نارنج شیرین دیده می شود.

خشک کردن فلفل توسط کشاورزان شهرستان چی شان استان شن شی

کشک سویای تخمیر شده در یک کارگاه تولیدی در شهرستان باستانی هوانگ یائو شهر هه جو در استان گوانگ شی.

تولید نیشکر با روش های سنتی توسط مردم محلی در ساحل رودخانه جین شا در استان یون نان

چاشینی ها بوی عجیت را رفع می کند. پزشکان چینی نیز بر این باورند که غداهای طعم تلخ کاربرد ترویج هضم دارد.

طعم شیرین نسبت به طعم های تلخ، تند و شور، آرامترین طعم به شمار می رود. چاشینی های زیادی طعم شیرین دارند. در بین آنها، شکر و قند مهمترین و معمولترین چاشنی آشپزخانه مردم چین به شمار می رود. تقریبا همه مردم طعم شیرین را دوست دارند، اما در عین پخت و پز، باید مقدار مناسب شکر بریزیم تا خورش پخته شده بیش از حد شیرین نباشد.

برخی از مواد های غذایی دارای مزه لذیذ هستند. این مواد ها را آب پزی می کنیم و سوپ آن حامی طعم و بوی لذیذ آنها هستند. مثلا سوپ گوشت قرمز، مرغ و ماهی بسیار لذیذ است. مردم چین موادهای غذایی دیگر در این سوپ گوشتی می جوشند تا مزه های لذیذ آنها مخلوط و مکمل یکدیگر می شود. علاوه بر چاشینی های طبیعی، مردم چین هم انواع چاشینی های مصنوعی اختراع کردند و اما هیچ یک از آنها قابل مقایسه با سوپ لذیذ نیستند.

آشپزان چینی مهارت فوق العاده آشتی چاشینی های مختلف طبیعی دارند. به خاطر این که بسیاری از انواع چاشینی ها در دسترس آنان هستند. علاوه بر نمک، سرکه، شکر، سایر چاشینی های معمولی مثل سس سویا، شراب، سبزی ترشی، پنیر سویای خوابانده هم مورد علاقه آشپزان چینی هستند.

در چین باستان، سسی که از دانه های سویا تخمیر شده بسیار گرانبها و چاشینی ضروری در ضیافت اشراف زادگان بود. مهمانان سس مخصوصی بر گوشت آبپزی می ریختند و می خوردند. پس از آن، سس سویا به چاشینی مهم تبدیل شده و جایگاه مهمی در فرهنگ آشپزی چین و جهان قرار دارد.

شراب هم یکی از چاشینی های مهم چین است. شراب نه تنها مثل ماهی را از بین می برد، بلکه بوی لذیذ را تشدید می کند. در حالی که خورش ها را پخت و پز می کنیم، اگر مقداری شراب روی آن بریزیم، بوی دلپذیر با بخار فورا بالا می آید.

مردم چین از بعضی غذاهایی بدبو علاقه دارند و "کشک لوبیای بدبو" یکی از این غذاهای مخصوص چین است. "کشک لوبیای بدبو" بوی بدی اما طعم مخصوصی و خوشمزه ای دارد. مردم شمال چین "کشک لوبیای بدبو" را نوعی چاشینی می دانند. در جنوب چین، مردم "کشک لوبیای بدبو" را در روغن سرخ می کنند و با سس فلفل قرمز می خورند.

مهارت مهم پخت و پز آشپزان چینی هنر ترکیب طعم و مزه ای است. چون تک طعم کافی نیست، از طریق ترکیب و آشتی چاشینی ها، طعم پرفکت به دست می آرد. آشپزان معمولا با توجه به سلیقه مشتریان انواع چاشنی را ترکیب می کنند. در حالی که مواد اولیه، شیوه های پخت و پز خورش ها فرقی ندارد، اما با تغییرات ترکیب چاشینی ها، طعم و مزه آن متفاوت می شود. آشپزان با تجربه نه تنها مهارت ترکیب انواع چاشینی ها را دارند، بلکه مقدار و زمان ریزش چاشینی ها (قبل از پخت و پز، در عین پخت و پز یا بعد از پخت و پز) خوب بلد هستند.

هر نفر سلیقه طعم خود را دارد. برخی از افراد خورش شور، برخی خوراک تند، و برخی دیگر غدای شیرین را دوست دارند. مثلا "اردک با بوی عجیب" یا "مرغ با بوی عجیب" مورد علاقه بسیاری از مردم هستند.

مردم مدرن چین، به خصوص ساکنان شهرستان طعم طبیعی و اصلی خورش ها را دوست دارند. بنابراین، خورش های استان کانتون که طعم طبیعی دارد مورد علاقه آنان هستند. به طور کلی، آشپزان خورش های کانتونی، به ندرت از چاشینی های سس سویا و سرکه استفاده می کنند و فقط مقدار

خورشی معروف در بازار شبانه منطقه شی لین شهر تایپه: اردک با نوعی کشک سویا

چاشنی های مختلف برای فروش در یک بازار استان جی لین

کم روغن، نمک، شکر به خورش ها می ریزند. بنابراین، طعم و بوی مواد خام را از دست نمی دهد. احتمالا سلیقه طعم طبیعی مردم مدرن شهری با استانداردهای بالای زندگی امروزی رابطه ای دارد. در گذشته، منابع غذایی ناکافی و فن آوری حفاظت مواد غذایی هم محدود بود. آشپزان با چاشینی های مختلف کمبود طعم طبیعی خورش ها را جبران می کردند. امروز، مردم بیشتر غذاهای تازه و طعم طبیعی را می پسنند.

علاوه بر این، با توجه به تفاوت آب و هوای و عادات زندگی، سلیقه مردم مناطق مختلف فرق می کند. آشپزان چین در چهار فصل از چاشینی های متفاوت استفاده می کنند. مثلا در بهار، آب و هوا گرم است و مواد غذایی امکان آلودگی باکتریایی دارد، آشپزان در هنگام تهیه خورش های سرد چاشینی های سرکه و سیر زیاد می ریزند.

چاشینی های مختلف نه تنها به سلیقه طعم و مزه جواب می دهد، بلکه دارای تابع مراقبت های بهداشتی است. تئوری طب سنتی چین معتقد است که غذاهای تند دارای عملکرد درمان سرماخوردگی، بیماری کلیه و درد مفاصل و غیره است. غذاهای شیرین مثل عسل و عناب نه تنها پر تغذیه است، بلکه خلق و خوی آدم را آرام می کند. خوراک ترش دارای عملکرد ضد اسهال و تسکین عطش و جلوگیری سرماخوردگی است. گفته می شود تخم مرغی که در سرکه پخته شده سرفه را درمان می کند. بیشتر سبزیجات که طعم تلخ دارند، پر از ویتامین ها و برای جلوگیری و درمانی تب مفید است.

خلاصه، ترفند ترکیب چاشینی ها شامل سه اصل است: اول، هر خورش باید طعم و بوی خاص خود را داشته باشد. دوم، هر خورش باید یک طعم عمده و چند طعم های مختلف جزئی داشته باشد. سوم، در ضیافت غذاهای طعم و مزه متنوع باید داشته باشد و مهمانان نباید خورشی با فلان طعم را بیش از حد مصرف کند. "صلح و هماهنگی" جوهر فلسفه سنتی چین است. آشپزان چین در عین پخت و پز هم به این فلسفه اصرار و طعم و بوی مختلف را ترکیب می کنند.

چاشنی های مختلف در یک رستوران روباز منطقه گولوئو شهر کای فنگ استان هه نان.

هنر آشپزی

در مقایسه با آشپزان معروف مدرن، بیشتر آشپزان باستان چین که غذاهای خوشمزه زیاد را "خالق" کردند، ناشناخته بودند. در میان آنها، "ای ژین" و "پنگ زو"(تاریخ تولد و فوت آنان نامشخص است) آشپزان معروف باستان چین بودند و نام های آنها در کتاب های تاریخ چین ثبت شده است. "ای ژین" نخست وزیر سلسله شانگ چین بود و آشپزی نیز بسیار بلد بود. ایشان نه تنها مهارت پخت و پز فوق العاده ای بلکه دانش هایی در باره تغذیه و طعم و بوی غذا داشت. مردم باستان چین ایشان را به عنوان "خداوند آشپزی" پرستش می کردند.

تندیس آشپز ایالت شو در دوران سه ایالت که از شهرستان جونگ استان سی چوان کشف شده و اکنون در موزه پایتخت پکن نگه داری می شود.

در چین، آشپزی شغلی قابل احترام است. هر آشپز مهارت پخت و پز منحصر به فرد دارد. آشپزان رستوران هر روز زحمت می کشند و غذاهای خوشمزه برای مردم عادی درست می کنند. با پیشرفت و توسعه اجتماعی، شغل آشپزی هم به آشپزان غذاهای چینی، آشپزان غذاهای خارجی، آشپزان شیرینی تقسیم می شود. در چین، دانشکده های حرفه ای که آشپزان را آموزش می دهند زیاد وجود دارند. دانش آموزان این دانشکده های حرفه ای نه تنها مهارت پخت و پز، بلکه دانش در باره تغذیه را یادگیری می کنند. آنان که از این دانشکده فارغ التحصیلی شدند، می توانند از دولت لیساس <گواهی نامه صلاحیت حرفه ای جمهوری خلق چین> را دریافت کنند.

در چین باستان، دختران قبل از عروسی باید از مهارت آشپزی

یادگیری کنند. چون زنان "آشپزان" شوهر و بچه های خود بودند. امروز، بیشتر زنان چین شغل خود هم دارند و وقت تهویه و پخت و پز غذا ندارند.

دانشمندان باستان نیز در توسعه فرهنگ و هنر آشپزی چین نقش مهمی داشتند. آنان غذاهای معروف و مهارت های پخت و پز را در تاریخ ثبت کردند تا فرهنگ غذایی به طور مداوم تا امروز ادامه دهد. گاهی اوقات آنان آشپزی را به عنوان تفریح و سرگرمی می دانستند و خورش های جدید را نوآوری می کردند. به عنوان مثال، "سو دونگ پا" (از سال ۱۰۳۶ تا سال ۱۱۰۱ بعد از میلاد) شاعر معروف سلسله سونگ خورش معروف "گوشت خوک دونگ پا" را می آفرید. "یوان مه" (از سال ۱۷۱۶ تا ۱۷۷۹ بعد از میلاد) شاعر سلسله چینگ کتاب <سو یانگ شوی دان> را نوشت که سیصد و بیست و شش خورش سنتی از قرن ۱۴ تا اواسط قرن ۱۸ چین را ثبت می کرد و مواد تاریخی با ارزش به شمار می رفت. در چین باستان، خانواده های ثروتمند آشپزان مخصوص داشتند. آنان به جای رستوران ها معمولا در خانه های خود ضیافت تهویه و از مهمانان پذیرایی می کردند. هر خانواده ای که قادر به استخدام آشپز معروف باشد، چیزی قابل افتخار بود. بنابراین، مهارت پخت و پز به طور مداوم توسعه یافته شد.

هنر آشپزی از جمله مواد اولیه غذایی، روش برش مواد خام، میزان حرارت پخت و پز، شیوه آشپزی است. در زندگی روزانه، مواد اولیه غذایی معمولی شامل سبزیجات، ماهی، گوشت، تخم مرغ و غیره است. آشپزان از این مواد اولیه غذایی و انواع چاشینی استفاده

آمادگی آشپزها برای ضیافت «بابا» در شهر دو جیانگ یان استان سی چوان. برگزاری ضیافت «بابا» نوعی آداب و رسوم محلی است که به مناسبت عروسی، زایمان، ساخت مسکن جدید صورت می گیرد و بستگان و دوستان به حضور در آن دعوت می شوند.

برگزاری ضیافت «صد خانواده» در ایام عید یوان شیائو در شهرستان یا یانگ استان جه جیانگ. زنان خانه دار در حال همکاری برای آشپزی هستند.

افزودن چاشنی توسط آشپزان در رستوران رشته لامیان در شهر لان جوی استان گان سو. در مرحله پخت رشته لامیان باید موادی چون زیره، ساقه سیر، ترب، فلفل و گوشت گاو به آن اضافه شود.

می کنند و غذاهای لذیذ می پزند. خورش های چینی و غربی فرق می کنند. به عنوان مثال، اگر در رستوران غربی استیک سفارش می کنید، میزان سرخ این استیک خودت تصمیم می گیرید. شما هم می توانید با سلیقه خود نمک، سس، فلفل و چاشینی های دیگر به استیک کباب شده ریزش کنید. اما در همه رستوران های چینی، مشتریان فقط طبق منو خورش های مختلف را سفارشی و به شیوه پخت و پز دخالت نمی کنند. هر آشپزان چینی مهارت پخت و پز مخصوصی دارد. امکان دارد همان خورش در رستوران های مختلف، طعم متفاوت داشته باشد.

مواد خام علی پایه خورش خوشمزه است. آشپزان حرفه ای به کیفیت مواد اولیه از جمله مدت رشد، محل و روز تولید، رنگ، شکل، بو و غیره توجه ویژه ای می دهند. مثلا برای درست خورش "کباب اردک پکن"، از اردک با وزن حدود ۲,۵ کیلوگرم نیاز دارد تا اردک کباب شده بیش از حد چربی یا لاغر نشود. رنگ، شکل و سختی مواد خام در یک خورش باید سازگار بشود. مثلا آشپزان چین معمولا تخم مرغ و گوجه فرنگی را باهم سرخ می کنند، چون ترتیب رنگ قرمز گوجه فرنگی و رنگ زرد تخم مرغ زیبا است. بعضی آشپزان نیز پنیر سویا و ماهی باهم می پزند، چون هر دو مواد خام نرم هستند. آشپزان چین قبل از آن که ماهی زنده دریاچه می پزند، معمولا آن را برای چند روز در آب پاک پرورش می کنند تا بوی نامناسب ماهی وحشی رفع کند.

البته، ترتیب انواع مواد خام باید برای سلامتی و بهداشتی مصرف کننده مفید باشد. مثلا آشپزان معمولا تربچه و گوشت باهم آبپزی می کنند، چون

تربچه چرب سنگین گوشت را کم می کند. اسفناج و گوجه فرنگی حاوی مواد اسیدی و پنیر سویا حاوی مواد کلسیم است. آشپزان اسفناج و گوجه فرنگی با پنیر سویا سرخ نمی کنند، چون مواد اسید و کلسیم در واکنش شیمیایی به مواد سوء هاضمه فراهم می دهد.

"میزان حرارت پخت و پز" یعنی قدرت آتش و مدت پخت و پز است و مهمترین مرحله آشپزی به شماره می رود. کنترل حرارت کار دشوار و شاخص مهم ارزیابی آشپزان است. آشپزان چین معمولا با آتش ملایم مواد خام غذایی را می جوشند و مواد خام غذایی را به مدت طولانی در روغن سرخ نمی کنند. وقتی ماهی یا مواد دریایی غذایی می پزند، کنترل میزان حرارت و مدت پخت و پز خیلی مهم است. چون اگر بیشتر این مواد دریایی را پخته، این مواد سفت می شود، و اگر کم پخته، این مواد خام می مانند. مثلا آشپزان هنگامی که جگر خوک را در روغن سرخ می کنند، در ابتدا معمولا با آتش قوی روغن را داغ می کنند. چون اگر روغن داغ نبود، جگر خام را پخته نمی شود. بعد از آن که روغن داغ شد، جگر را به روغن می ریزند و به سرعت سرخ می کنند. جگر نباید زیاد در روغن بماند، چون جگر بیش از حد پخته، سفت می شود.

سوخت و وسایل آشپزی برای "میزان حرارت پخت و پز" بسیار مهم است. در حال حاضر، مردم با گاز طبیعی پخت و پز می کنند. آشپزان باستان چین با انواع هیزم خاصی غذا را می پختند. به عنوان مثال، آنان وقتی گوشت را آبپزی می کنند، از هیزم چوب درخت توت استفاده می کنند؛ برای پخت و پز برنج، هیزم کاه را می سوزند؛ ذغال سنگ برای پخت چای مناسب است؛ برای جوش طب گیاهی چینی، بهتر از هیزم نی یا چوب بامبو استفاده می کنند. امروز، این سوخت سنتی در شهرها کم یاب می شود و این سنت های مخصوص فقط در برخی از مناطق دور افتاده باقی می ماند.

در عین حال، انواع وسایل پخت و پز در آشپزخانه مردم مدرن قرار دارند. آشپزان چین با تابه غذاها را سرخ می کنند و با قابلمه سوپ را می پزند. مثلا آنان با قابلمه سوپ مرغ، سوپ گوشت خوک، سوپ سبزیجات را درست می کنند و مدت پخت و پز معمولا ساعتها طول می کشد.

مهارت برش مواد خام برای آشپزان چین خیلی مهم است. چون شیوه های پخت و پز چینی با غربی تفاوتی دارد. آشپزان چین مواد خام را برش می کنند و بعد می پزند. اما آشپزان غربی عادت می کنند مواد خام را تمام بپزند و خود مشتریان با چاقو و چنگال غذای پخته را برش می کنند. بدیهی است که آشپزان چین به مهارت برش مواد خام توجه بیشتری دارند. برخی آشپزان حرفه ای بیش از صد روش برش مواد خام غذایی را بلد هستند. آنان مواد خام متفاوت را با روش های می برند. مثلا گوشت گاو الیاف ضخیم دارد، آشپزان معمولا در امتداد طرف عمودی الیاف گوشت گاو را می برند و به این ترتیب گوشت گاو زود می پزند.

مزه غذای پخته با روش پخت و پز آن بستگی مستقیم دارد. روش های آشپزی غربی ساده است و بیش از سرخ کردن، آب پزی و کباب پزی نیست. در مقابل، روش های پخت و پز چینی بسیار زیاد و از جمله سرخ کردن، آب پزی و کباب پزی، بخار پزی، روغن سوزی و غیره است. در چین، سرخ کردن شایع ترین روش پخت و پز است. خارجیان شیوه آشپزی "روغن سوزی" را بلد نیستند. از نظر آنان روغن سوزی یعنی stir-fry است، اما این با شیوه آشپزی روغن سوزی چینی فرق می کند.

روش سرخ کردن آشپزی چینی با غربی فرق می کند و شامل چند مراحل عملیاتی است. اول، روغن را در تابه می ریزند و تا داغ بشود ؛ دوم، مواد خام را به تابه می گذارند و به هم می زنند تا همه مواد خام را طور یکنواخت مخلوط بشود؛ سوم، چاشینی ها را به تابه می ریزند و بار دیگر مواد خام را به هم می زنند ؛ چهارم، چند ل حظه مواد خام را روی آتش می پزند تا حاضر بشود. قبل از سلسله هان، مردم چین از شیوه آشپزی روغن سوزی بلد نبودند. در

سوپ مخصوص پخته شده در ظرف سفالی در استان جیانگ شی

نمایش مهارت خرد کردن مواد غذایی: یک آشپز جوان یک خیار به طول ۲۵ سانتی متر را با کارد به یک قطعه خیار به طول بیش از یک متر تبدیل می کند.

آن زمان، مردم مواد خام غذایی را آبپزی یا کباب سازی می کردند. اما در حال حاضر، شیوه آشپزی روغن سوزی این قدر محبوب است که بیشتر خورش های چینی را از این شیوه درست می شوند.

طعم، بو و رنگ سه استاندارد اصلی ارزیابی کیفیت غذاها به شمار می رود. سرخ کردن بهترین روشی پخت و پز است که طعم، بو و رنگ خورش ها را نمایش می دهد. چون این روش پخت و پز می تواند رنگ اصلی مواد خام را خوب حفظ و رنگهای مختلف مواد خام را ترتیب کند. روغن داغ نیز می تواند طعم و بوی دلپذیر مواد خام را تحریک و ترویج کند. علاوه بر این، در مقایسه با روش های پخت و پز دیگر، سرخ کردن می تواند تغذیه مواد خام را بهتر حفظ کند. شیوه روغن سوزی نیز محدودیت شکل مواد خام غذایی ندارد. آشپزان چین مواد خام غذایی با شکل های مختلف مثل تکه های تربچه، کلم، خیار، لوبیا و پنیر سویا با هم می پزند.

یک آشپز شهر شن یانگ استان لیائو نین در حال نمایش مهارت پخت و پز همزمان در ده دیگ است.

سرخ کردن مواد غذایی با آتش تند در رستوران روباز در هنگ کنگ

هر کشوری یا منطقه ای که فرهنگ پخت و پز رونقی دارد، حتما در طول تاریخ خود، تمدن توسعه یافته یا جامع بسیار ثروت وجود داشت. چون فقط مردمی که در جامعه توسعه یافته زندگی می کردند، وقت و پول دنبال سلیقه غذاخوری را داشتند. مهارت پخت و پز چین بسیار عالی هستند و غذاهای مختلف چین جذابیت منحصر به فرد دارند. اما در حال حاضر مهارت پخت و پز سنتی چین با چالش ها رو به رو می شود. به عنوان مثال، با توسعه مکانیزاسیون و اتوماسیون صنعت مواد غذایی، سوپرمارکت ها پر از غذاهای نیمه پخته و غذایی منجمد هستند. دستگاه های پخت و پز الکترونیکی هم پیش آمده که خورش های ساده را به طور خودکاری می پزند. بنابراین، مهارت و تجربه سنتی پخت و پز چین در مواجهه با غذاهایی قابل انبوه تولید به تدریج کم رنگ می شود. با این حال، عادات غذاخوری مردم چین و مهارت سنتی پخت و پز تغییر نخواهد کرد.

نقش درمانی و بهداشتی غذاهای چین

در فرهنگ آشپزی چین، ایده بسیار مهمی وجود که غذاها نقش و کاربرد درمانی و بهداشتی دارد. بر اساس اسطوره باستان، "شن نای شی" خداوند کشاورزی چین نه تنها کشت و برداشت محصولات کشاورزی به مردم آموزش داد، بلکه برای امتحان داروهای گیاهی، گیاهان ناشناخته را مزه می کرد. هر چند این یک اسطوره است، اما مفهوم و ایده "منبع مشترک غذا و دارو" مردم چین را نشان می دهد. یعنی غذاخوری روزانه با پیشگیری و درمان بیماری در ارتباط با یکدیگر هستند.

مردم چین باستان به بهداشتی و سلامت غذاخوری خود توجه ویژه ای می دادند. کتاب کلاسیک پزشکی چین ‹هوا دی نای جینگ› تئوری تعادل تغذی رژیم غذایی را پیشنهاد کرد و مخالف مصرف بیش از حد یک نوع خوراک خاصی بود. انواع غذاها چون حاوی مواد مغذی مختلف هستند و طعم و بوی متفاوت دارند، به سلامت آدم کمک کم و زیاد دارد. با تکیه بر رژیم غذایی روزانه، می توانیم شرایط جسمانی را افزایش و بیماری را جلوگیری کنیم. این یکی از ویژگی های عمده فرهنگ غذاخوری سنتی چین است.

دکتران طب سنتی چین باورند، در مقایسه با داروها، کاربرد درمانی غذاها آرامتر است. همه غذاها حاوی "مواد اسانس" هستند که نقش های مختلفی در بدن آدم ایفا می کند. به عنوان مثال، گلابی، موز و کیوی به ترتیب از بیماری ریه، روده

خشک کردن گل سوسن توسط کشاورزان منطقه هوئو شان استان آن هوی.
گل سوسن در فرهنگ چینی، برای رفع سرفه و راحتی اعصاب مفید است.

گیاه رازیانه برای افزایش اشتها و رفع سرماخوردگی مفید است. مردم چین جوانه برگ این گیاه را در دلمه آب پز می کنند و دانه آن را به عنوان نوعی چاشنی مورد استفاده قرار می دهند.

و مثانه جلوگیری می کنند. غذاهایی با طعم و مزه مختلف بر روی اندام های آدم تاثرات متفاوتی دارند. به طور کلی، مقدار مناسب غذای طعم ترش، تند، تلخ، شور و شیرین به ترتیب برای بهداشت اندام های جگر، ریه، قلب، کلیه و طحال مفید است. اما مصرف بیش از حد غذاهای شور ناشی از فشار خون بالا است و اندام های قلب، طحال و کلیه آسیب می بینند. مصرف بیش از حد غذاهای ترش مخاط معده زخم خواهد کرد. بنابراین، تعامل رژیم غذایی بسیار مهم است.

در گذشته، با توجه به سطح پایین توسعه اقتصادی، سبزیجات و غلات در رژیم غذایی مردم چین نقش اصلی می گرفت. با این حال، از دیدگاه علم بهداشت و تغذیه مدرن، این ویژگی رژیم غذایی مردم باستان چین در مقایسه با رژیم غذایی غربی علمی و منطقی است.

مردم چین باستان آش را غذایی پر از تغذیه می دانستند و در اوایل صبح آش می خوردند. چون در جوش طولانی، پروتئین، ویتامین ها و سایر مواد مغذی مواد خام به آش متمرکز شده است و بدن آدم به راحتی این مواد مغذی آش را جذب می کند. در همین حال، آش همچنین می تواند اشتها را تنظیم و تحریک کند و آب مورد نیاز بدن را ارائه دهد. مردم چین آش مختلف مانند آش ذرت، آش سبزی، آش گوشتی را بسیار دوست دارند.

غذای معروف شهر چائو جو: گوشت مار و لاک پشت. گوشت مار و لاک پشت خاصیت درمانی دارد. به طوری که گوشت مار برای رطوبت زدایی بدن انسان و از بین بردن مواد سمی و گوشت لاک پشت برای جلوگیری از خون ریزی موثر است.

از نظر مردم چین، گیاهخواری نیز برای سلامت و بهداشت مفید است. به خصوص، انواع سبزیجات، قارچ و محصولات سویایی قابل هضم و غنی از مواد مغذی است. تحقیقات پزشکی مدرن نشان می دهد که این غذاهای مذکور سالم هستند. عادت گیاهخواری چینیان با گسترش دین بودایی ارتباطی دارد. هنگامی که دین بودایی تازه از هند وارد چین شد، الزامات سختگیرانه در باره ژریم غذایی بوداییان وجود نداشت. پادشاه "وای دی" سلسله نای چای (از سال ۴۲۰ بعد از میلاد تا سال ۵۸۹ بعد از میلاد) مؤمن بودایی بود. در نظر ایشان، گوشت خواری حمایت کشتاری حیوانات و مخالف احکام بودایی بود. بنابراین، ایشان گیاهخواری را تشویق و گوشت خواری راهبان بودایی را ممنوع کرد. در نتیجه، خورش های سبزی به تدریج نسبتا توسعه یافته شد. در مقایسه با غذاهای گوشتی، خورشهای سبزی مورد علاقه بیشتر مردم بودند. آشپزان برای پاسخگویی به نیازهای مردم گیاهخوار، سعی می کردند با روش های جدید پخت و پز و ترتیب چاشینی ها، خورش های سبزی را لذیذ و خوشمزه بپزند. البته، مردم مدرن متوجه می شوند که سبزیجات نیاز مواد لازم مغذی بدن آدم را به اندازه کافی جواب نمی دهند و تعادل رژیم غذایی بسیار مهم است.

علاوه بر این، مردم چین برای حفظ سلامتی در چهار فصل غذاهای متفاوت مصرف می کنند. در بهار، هوا به تدریج گرم می شود و غذاهای تند می تواند باکتری در سیستم هاضمه را از بین ببرد. در تابستان که آب و هوا گرم و مرطوب است، مردم برای معمولا سوپ لوبیا، چای گیاهی، سوپ آلو ترش و غیره می خورند تا گرمای درونی بدن را از بین ببرد. آب و هوای پاییز خشک است، غذاهایی مثل گلابی، خرمالو، زیتون، تربچه، قارچ سفید، شاه بلوط، سیبزمینی شیرین، برای حفظ سلامتی آدم مناسب است. در زمستان، مردم غذاهای مقوی مانند انواع گوشت قرمز،"سوپ تربجه و گوشت گوسفند"، گردو، کنجد و غیره را دوست دارند.

رژیم غذایی مردم با سنین متفاوت یکسان نباید باشد. به عنوان مثال، میانسالان باید بیشتر غذاهای ضد پیری و پر انرژی را مصرف کنند. اما افراد

صرف غذای گیاهی توسط بازدید کنندگان در جشنواره فرهنگ گیاه خواری بی های استان گوانگ شی. این جشنواره به ابتکار انجمن دین بودای شهر بی های برگزار شده و هدف آن تشویق مردم به گیاه خواری و تعمیم فرهنگ رژیم سالم غذایی است.

مسن که عملکرد دستگاه گوارش کاهش یافته، باید گوشت خوک و گوسفند را کم بخورند و غذاهایی مثل ماهی و قارچ را بیشتر مصرف کنند.

معالجه به وسیله غذا در کشور چین بسیار محبوب است. مردم چین با مصرف میوه ها و سبزیجات، بیماری را جلوگیری و معالجه می کنند. مثلا، اگر کسی سرما خورده، زنجبیل و پیاز سبز و شکر را می جوشد و آب داغ جوشنده را می خورند. این غذای عرق زا است و سرماخوردگی را درمان می کند. زنان در زایمان معمولا سوپ مرغ، آش ارزن، کنجد پخته را می خورند، چون این غذاهای مقوی هستند و وضیعت بدن آنان را بهسازی می کند.

چون طعم و بوی داروهای گیاهی ناخوشایند است، مردم چین برخی داروی گیاهی و مواد خام غذایی را باهم می پزند و "غذای دارویی" خوشمزه به دست می آرند. "غذای دارویی" طعم دلپذیر غذا و اثربخشی دارویی را ترکیب می کند و مورد استقبال مردم هست. در چین، بسیاری از رستوران ها "غذای دارویی" را ارائه می دهند. معمولا آشپزان داروهای گیاهی با گوشت قرمز و مرغ می جوشند یا آش دارویی می پزند.

سوپ «ووگوچینگ سی»، مواد این سوپ شامل گردن نوعی مرغ که استخوان آن سیاه رنگ است، پای مرغ، سویای سیاه، عناب، گیاهی به نام گاسترودیا و گیاهان دارویی دیگر است. گوشت مرغ با استخوان سیاه رنگ از گوشت مرغ معمولی مغذی تر و برای کاهش عوارض تب و اسهال و درمان بسیاری بیماری های زنانه موثر است. همچنین این گوشت برای تقویت عمل کبد، جگر و طحال انسان نیز بسیار مفید است.

بلوط سرخ کرده با شکر نوعی خورش مخصوص محلی پکن و تین جین است که دارای قدمتی طولانی در چین است. این خورش برای تقویت طحال، جگر و جلوگیری از خونریزی بسیار مفید است.

"غذای دارویی" چین به تدریج مورد آشنا و علاقه خارجیان می شود. غذاها یا نوشابه دارویی سنتی چین مانند شراب گل داودی، شراب جینسنگ، انواع چای دارویی و غیره در کشورهای خارجی پر از طرفداران هستند.

در حال حاضر، بیشتر غربیان طب گیاهی و غذای دارویی چین را پذیرفته هستند. بسیاری از داروهای غربی عمدتا سنتز شیمیایی است و عوارض جانبی زیاد و ارزش مغذی کم دارند. اما مواد خام غذای دارویی عمدتا گیاهان طبیعی و مناسب مصرف بلند مدت است. غذاهای دارویی نه تنها توانایی مقاومت بدن در برابر بیماری را افزایش می کند، بلکه پر از انواع مواد مغذی است.

تابوهای رژیم غذایی

مردم چین به فلسفه "هماهنگی انسان و طبیعت" توجه ویژه ای دارند، فکر می کنند مواد غذایی نیز باید با حالت بدن مصرف کننده سازگار بشود. بنابراین، در رژیم غذایی مردم چین تابوهای بسیاری هم وجود دارد. این تابوها نتیجه تجربه سنتی و تحقیقات علمی مدرن است. خلاصه، غذاخوری واقعا کاری ساده نیست.

تنوع و تعادل مواد غذایی بسیار مهم است. برنج و نان غذای عمده مردم چین و انواع سبزیجات و گوشت غذای مکمل آنان است. اگر غذاها باهم سازگار

خوراک معروف استان شان دونگ: نان سرخ کرده با سس سویا و پیازچه

در ایام برگزاری مراسم مذهبی «چینگ جیائو هوی» در شمال استان شن شی، مردم از خوردن گوشت منع می شوند و تنها می توانند نان، رشته و سبزیجات آب پز بخورند.

باشد، برای سلامت خورنده مفید است. مثلا گوشت گاو با برنج، گوشت گوسفند با ارزن، گوشت پرندگان با نان و غیره ترتیب غذایی خوبی است. اما اگر غذاها به هم سازگار نشود، به سلامت صدمه ای می دهد. به عنوان مثال، نمی توانید غذاهای زیر را باهم مصرف کنید: خرچنگ با خرمالو، مرغ با کرفس، گوشت خوک با سویا، گوشت اردک با گوشت خرگوش. این همه تابوهای مواد غذایی هستند. بسیاری از مردم این تجربه ای دارند که بعد از پر خوری در ضیافت مریض می شوند. احتمالا آنان مخالف تابوها و غذاهای ناسازگار مصرف کردند.

تابوهای رژیم غذایی در فصل های مختلف هم تغییر می کند. همان غذا در فصلی مناسب مصرف است، در فصل دیگر به سلامت آسیب می آرد. این یعنی "تابوی فصلی" است. مثلا مردم چین بر این باورند که در فصل های بهار و زمستان، مصرف تره فرنگی درد زانوها و کمر آدم را درمان می کند، اما در فصل تابستان باعث سر گیجه می شود. مردم استان جیانگشی در فصل تابستان فلفل قرمز تازه می خورند و اما در زمستان فقط به فلفل قرمز خشک علاقه دارند و در پاییز هیچ فلفل نمی خورند.

مردم چین در زندگی روزانه، بسیاری از تابوها در باره رژیم غذایی را خلاصه کردند. مثلا نباید در صبحانه غذاهای خشک یا تنها تخم مرغ بخورند ؛ نباید بعد از غذاخوری چای یا میوه ها را مصرف کنند ؛ بعد از ورزشی نباید نوشابه سرد یا نبات بخورند ؛ قبل از ماشین سواری نباید پر خوری کنند. بسیاری از مردم از این تابوها نگران نیستند. اما مریضان باید به تابوهای رژیم غذایی توجه ویژه ای بپردازند، چون اگر غذاهای نامناسب خورده، حالت خود

را بدتر می سازد.

از نظر طب سنتی چین، برخی مواد غذایی مانند گوشت گاو و گوسفند، غذای دریایی و انواع چاشینی القاء بیماری است. بیماران مختلف تابوهای متفاوت رژیم غذایی هم دارند: مریضان سرما خورده نباید هندوانه، موز، گلابی بخورند، چون این میوه ها دمای بدن را سرد می کند. اگر تب دارند یا تشنه باشند، نباید زنجبیل، فلفل، شراب بخورند. موادهای غذایی تخم مرغ، شیر، ماهی، میگو و سایر غذاهای غنی از پروتئین تابوهای مریضان آسم هستند. علاوه بر این، وقتی مریضان دارو می خورند، در عین حال نباید چای یا تربچه مصرف کنند، در غیر این صورت اثر دارویی را کاهش می دهد.

همانطور که پیاز سبز و سیر چاشینی های عادی مردم چین است. اما این دو چاشینی دمای بدن را افزایش می دهد و تابوی رژیم غذایی برخی مریضان است. به خصوص افراد مسن اگر پیاز سبز و سیر را بیش از حد مصرف کرده، توان بینایی کاهش خواهد یافت.

رژیم غذایی زنان باردار تابوهای زیادی دارند. غذاهای تند، داغ، پر چرب و غیر قابل هضم برای آنان نامناسب هستند. در سه چهار روز پس از زایمان نباید ماهی بخورند، چون ماهی برای بهبود زخم نامساعد است. بعد از آن، می توانند تخم مرغ، پای خوک، ماهی را مصرف کنند، چون این غذاها ترشح شیر را سرعت می بخشد.

صرف غذای پیروان بودایی در سالن غذاخوری معبد بودایی در شهرستان سونگ جیانگ شهر شانگهای در سال ۱۹۹۱ میلادی

شلوغی در یک غرفه ایرانی در نمایشگاه بین المللی مواد غذایی حلال سال ۲۰۱۳ (استان چینگ های) چین

البته، برخی از تابوهای رژیم غذایی سنتی مردم چین بدون پایه علمی و نادرست است. به عنوان مثال، بعضی مردم فکر می کنند زنان باردار نباید گوشت خرگوش، گوشت خر یا ماهی مار بخورند و در غیر این صورت کودکان آنان شکاف لب خرگوشی ، چهر بلند مانند خر یا چشم های کوچک شبیه ماهی مار را داشته باشند. از دیدگاه علمی، این تابوهای رژیم غذایی پوچ و فقط منعکس آرزوی فرهنگ عامیانه چین است.

بنابراین، رژیم غذایی با فرهنگ ارتباط صمیمانه ای دارد. غذاهای خوشمزه در یک کشور، ممکن است تابویی در کشور دیگر است. به عنوان مثال، هندیان گوشت گاو نمی خورند، یهودیان به گوشت خوک علاقه ندارند، در حالی که اروپاییان و آمریکاییان گوشت گاو و خوک را دوست دارند. اما آنان گوشت سگ و حشرات را نمی خورند. بنابراین، تابوهای رژیم غذایی نیز تابوهای فرهنگی و با اعتقادات مذهبی، آداب و رسوم و سنت ملی یک کشور مربوط است.

برخی از تابوهای رژیم غذایی چین با اعتقادات مذهبی مردم مربوط هستند. به عنوان مثال، مؤمنان بودایی چین هیچ گوشت نمی خورند، اما مؤمنان بودایی هند، سری لانکا و کشورهای دیگر این تابوی رژیم غذایی ندارند. مقررات مذهب تائو گوشت خوری و شراب خوری مؤمنان خود را ممنوع می کند، چون مؤمنان تائو بر این باورند که گیاه‌خوری روح و روان آدم را بهبود کند. تابوهای رژیم غذایی اسلامی مطابق مقررات <قرآن> است و همه مسلمانان در سراسر جهان باید اطاعت کنند. مسلمانان غذاهای گوشت خوک، گوشت حیوانات مرده، شراب و غیره را نمی خورند. اقلیت های قومی اسلامی چین مثل اویغور، کازاک، ازبک، تاجیک، تاتار، دوشانگ، بانگ، سالا و غیره به این مقررات اصرار می کنند. این آداب و رسوم رژیم غذایی مسلمانان در چین به طور گسترده ای مورد احترام کامل است. روستاهایی که غذای حلال ارائه می دهند در تقریبا تمام شهرها و روستاهای چین وجود دارند. در هتل ها، مدارس،

رستوران «یون لین» در داخل معبد بودایی «لین این» شهر هانگ جو که تنها غذاهای گیاهی عرضه می کند.

بیمارستان ها، هواپیما، قطار و اماکن عمومی دیگر، غذاهای حلال نیز برای مسلمانان آماده می شوند. طبق قانون چین، همه غذاهایی که برای مسلمانان پخته می شوند باید نشانه "حلال" داشته باشند.

علاوه بر این، برخی آداب و رسوم و سنت محلی نیز به تابوهای رژیم غذایی تاثیر قابل توجهی داشته است.

به عنوان مثال، مردم جنوب چین گوشت مار را می خورند. اما مردم مناطق دیگر از این کار ناراحت هستند، چرا که آنها بر این باورند که مار خداوندی است که مردم را مراقبت و حفاظت می کند.

ماهیگیران ساحلی چین تابوهای رژیم غذایی زیادی دارند. چون آنان بیشتر ماهی می خورند. در هر عید نوروز، مراسم قربانی در راه خداوند دریایی بر پا می گردد و ماهی مهمترین اشیا قربانی هست. آنان ماهی پخته در بشقاب را واژگون نمی کنند. بعد از آن که گوشت روی بالای ماهی را خورده اند، استخوان ماهی را کنار می گذارند و گوشت روی بشقاب را می خورند. آنان بعد از آن که ماهی خورده اند، همواره تکه ای گوشت ماهی یا سوپ ماهی را به تابه می ریزند تا فردا مصرف کنند. این سنت قدیمی آنان به معنی این که همیشه می توانند ماهی بگیرند. علاوه بر این، ماهیگیران سر و استخوان ماهی را به دریا نمی ریزند.

اقلیت قومی تبت که در غرب چین زندگی می کنند، تابوهای رژیم غذایی زیادی نیز دارند. مردم تبتی مار و غذاهای دریایی را نمی خورند. بعضیان حتی

مرغ، تخم مرغ، پرندگان، قرقاول را نمی خورند. تبتیان بر این باورند که گاو و گوسفند روح دارند. آنان بعد از کشتار گاو و گوسفند، معمولا یک روز منتظر می مانند تا روح از بدن ترک می شوند و سپس گوشت گاو و گوسفند را می پزند. سیر همچنین تابوی رژیم غذایی مردم تبت است و به خصوص در مکان های مقدس تبت، به هیچ کس اجازه نمی دهند سیر بخوند. چون تبتیان باورند سیر جای مقدس را لکه دار می کند.

تابوهای رژیم غذایی اقلیت های قومی چین فرق می کند. مثلا اقلیت قومی مایو سگ ها را کشتار نمی کنند، اما اقلیت قومی کره چین گوشت سگ را غذای خوشمزه می دانستند. مردم قومی مایو برای پذیرش مهمانان ، مرغ و اردک می پزند و به ویژه دل و جگر آن را به مهمان گرامی یا سالمندان تقدیم می کنند، اما اقلیت قومی نوی تابویی دارند که با مرغ و اردک مهمانان را پذیرایی نمی کنند.

برخی از تابوهای رژیم غذایی اقلیتهای قومی غیر قابل درک است. اقلیت قومی ای استان یوننان تابوهای زیادی دارد. مثلا قصاب قومی ای گوسفندی که صدای بع بع می کند، کشتار نمی کند. مردم قومی ای غذاهایی که مرغی بالای آن پرواز می کنند، دست نمی زنند. علاوه بر این، بچه های قومی ای از غذاهای عجیب مثل معده مرغ، دم مرغ، گوش خوک، گوش گوسفند و غیره پرهیز می کنند.

جالب است که برخی تابوهای رژیم غذایی باعث پیش آمد یک سری خورش های معروف است. مثلا چون مؤمنان بودایی و تائو گوشت نمی خورند و آنان سعی می کنند خورش های سبزی خوشمزه بپزند. در حال حاضر، در معبد های بودایی بزرگ چین، شمال می توانید از غذاهای سبزی و شیرین های نفیس امتحان کنید. راهبان معبد "فا ایانگ" پکن کیک برنج خوشمزه می پزند. معبد "با آن" شهر نانجینگ شیرینی برنج لذیذ برای مؤمنان درست می کنند. در معبد "نا پو تا" شهر شیامن، می توانید از سوپ سبزی معروف مزه کنید.

غذاهای مناطق مختلف چین

چین کشور بزرگی است و مناطق مختلف آب و هوا، منابع و آداب و رسوم غذا خوردن متفاوتی دارند. در نتیجه، به تدریج گونه های غذای متفاوت محلی شکل می گیرد. در چین، مهمترین آنها "هشت گونه غذای محلی" به شمار می رود و شامل غذای شاندونگ، غذای سی چوان، غذای کانتون، غذای جیانگ سو، غذای فوجیان، غذای ژجیانگ، غذای هونان و غذای آنهویی است. تقریبا همه مبقلات محلی چین تاریخ طولانی و برجستگی خود دارد و میراث ارزشمند فرهنگ غذایی چین است.

غذاهای محلی

مردم چین عادت می کنند به ظرافتهای گرانبها و کم یاب " خوراک دریایی و کوهستانی" نام می گذارند. با توجه به رکورد تاریخی، پنجه خرس، لانه پرنده، باله کوسه، خیار دریایی، بینی فیل، گوژ شتر، دم آهو، مغز میمون و غیره خوراک خوشمزه در منوهای اشراف زا۷ دگان بود. اما در ضیافت مردم مدرن چین، این غذایی مذکور بسیار نادر است. به علاوه، آگاهی حفظ حیوانات وحشی هم به اجماع اجتماعی تبدیل شده و بسیاری از مردم از خوردن این غذاهای خودداری می کنند. در حال حاضر، فقط غذاهای محلی می تواند روند رژیم غذایی با تغییر فصلی را نماینده کند.

"غذای چین" یک مفهوم عمومی است. چین کشور بزرگی است و مناطق مختلف آب و هوای ، منابع و آداب و رسوم غذاخوری متفاوت دارد. در نتیجه،

خورش معروف غذای سی چوان: «مائو شیوئه وان»

سفره ضیافت «مان هان چوان شی» که رستوران «فان شان» شهر پکن آن را تهیه کرده است.

به تدریج گونه های غذای متفاوت محلی شکل گیری می کند. در چین، مهمترین و نماینده ترین آنها " هشت گونه غذای محلی" به شمار می رود و شامل غذای شاندونگ، غذای سیچوان، غذای کانتون، غذای جیانگ سو، غذای فوجیان، غذای ژجیانگ، غذای هونان و غذای آنهویی است. مردم چین خاصیت های این غذاها را این طوری خلاصه می کنند: "غذای مناطق جنوبی طعم شیرین، غذای مناطق شمالی طعم شور، غذای مناطق شرقی طعم تند و غذای مناطق غربی طعم اسید دارد". برخی این گونه های غذا را این طوری توضیح می کنند: غذاهای جیانگ سو و ژجیانگ مانند دختر زیبای، غذاهای شاندونگ و آنهویی مانند مرد پر زور، غذاهای کانتون و فوجیان مانند پسراشرافی پیشواز، غذاهای سیچوان و هونان مانند نفر با سواد و مشهور است. بهتر است ما از این غذاها را امتحان کنیم، تا خاصیت های این غذاهای محلی را بهتر بشناسیم.

از آنجا که مهارت های آشپزی استان شاندونگ زودتر از مناطق دیگر چین بالغ شده، خورش شاندونگ معروف ترین دسته غذای چین به شمار می رود و به طور گسترده در سراس چین پخش شده است. شاندونگ زادگاه کنفوسیوس است. خورش شاندونگ هم مظهر کامل مفهوم رژیم غذایی کنفوسیوس، یعنی "مواد غذایی و غذاهای پخته باید بیش از حد ظریف باشد" است. مواد اولیه و شیوه های پخت و پز غذای شاندونگ بسیار ظریف و ترکیب رنگی و شکل چیده غذای پخته در بشقاب هم بسیار زیبا است. طعم غذای شاندونگ شور است. بیش از سی نوع تکنیک های پخت و پز معمول دارد. مردم شاندونگ پیاز سبز چینی را بسیار دوست دارد و آن را یکی از عمده ترین چاشینی می دانستند. آشپزی غذا با پیاز سبز چینی هم یکی از ویژگی های غذای شاندونگ است. خورش های معروف شاندونگ مثل "روده بزرگ ملایم پخته با پیاز سبز چینی "، "ماهی کپور سرخ شده با روغن پیاز سبز چینی "و "بره پخته با پیاز سبز چینی" همه با پیاز سبز چینی پخته می شود. شهر ژانگ چوی استان شاندونگ پیاز سبز با کیفیت بالا تولید می کند. پیاز سبز چینی ساقه بزرگ، طعم تند و شیرین

با وجود گرمای فصل تابستان، بازهم بسیاری از مردم به خوردن غذا در دیگ های مخصوص می پردازند.

دارد و مورد علاقه مصرف کنندگان است. مردم شاندونگ مهمان نواز هستند. آنان معمولا مقدار زیاد غذاهای مختلف را آماده و مهمانان را پذیرش می کنند.

در گذشته، حاکمان سلطنتی چین غذای شاندونگ را بسیار دوست داشتند. بنابراین، هر زمانی که خانواده سلطنتی از استان شاندونگ عبور می کردند، مقامات محلی معمولا غذای ممتاز شاندونگ ادا می کردند. به طوری که بسیاری از غذای شاندونگ ویژگی غذای کاخی هم داشت. خوراک پخته به نام "مرغ سلطنتی" و "قطعات مرغ گل نیلوفر" معروفترین آن هستند. در سلسله های مینگ و چینگ، خورش شاندونگ نقش مهمی در ضیافت سلطنتی ایفا می کرد. ضیافت ملی سلسله چینگ، "ضیافت مان و هان" بود. مجموعه کامل ظروف سفره و سرویس غذاخوری این ضیافت نقره ای بود. صد و نود شش خورش مختلف کمیاب در این ضیافت سرویس می دادند. در ضیافت های تولد و عروسی، خورش شاندونگ نقش مهمی داشت. علاوه بر این، خورش شاندونگ بر غذاهای پکن، تیانجین، هبی، شمال شرقی و جاهای دیگر تاثیر قابل توجهی دارد. مثلا در غذای معروف پکن "اردک پکن"، سس و پیاز سبز ضروری است، این هم ویژگی غذای شاندونگ است. لازم به ذکر است که فرهنگ آشپزی منطقه فو شان استان شاندونگ شهرت جهانی یافته است. نه تنها آشپزهای حرفه ای فو شان، بلکه "آشپز" هر خانواده مهارت آشپزی عالی دارد. آشپزان فو شان نیز فرهنگ پخت و پز غذای شاندونگ را به خارج از کشور چین گسترش کرده هستند.

خورش سیچوان از خورش چنگدو، چونگ کینگ و زی گونگ تشکیل شده است. روش های پخت و پز خورش سیچوان شامل سرخ کردن، بریان کردن و غیره است. خورش سیچوان هم یکی از غذای منطقه ای و در سراسر چین تاثیر گسترده ای دارد. خاطره بیشتر مردم در باره خورش سیچوان، تنها طعم

«دوا جیائو یو تو» خوراک معروف استان هو نان، به سبب طعم ویژه اش بسیار شهرت دارد. مواد اصلی این خوراک نوعی فلفل خاص به اسم "دوا جیائو" و کله ی ماهی است. طعم تازه و لذیذ کله ی ماهی به همراه تندی خاص این نوع فلفل، مزه ای بسیار خوب به وجود می آورد.

تند و سوزش است. در واقع، خورش سیچوان انواع چاشنی و طعم بسیار غنی دارد. چاشنی های خورش سیچوان شامل پیاز سبز چینی، زنجبیل، سیر، فلفل قرمز، فلفل، سرکه، سس لوبیا، شکر، نمک و غیره است. آشپزان با تجربه با این چاشینی ها می توانند خورش با طعم و مزه ترش، شیرین، تلخ، تند، شور، سوز و لذید بپزند. خورش سیچوان نه تنها خوشمزه و محبوب، بلکه ساده و خانوار است. بسیاری از مردم که به استان سیچوان سفر می کنند، به این نظر می رسند که تعداد غذاهای خوشمزه سیچوان بی شمار است. غذاهای معروف خانوار استان سیچوان شامل "رشته های گوشت خوک و سبزیجات شیرین و تند"، "قطعات گوشت مرغ سرخ شده"، "گوشت خوک سرخ شده"، "ماهی آب پز"، " پنیر سویای تند" و غیره هستند.

"دیگ آتش چونگ چنیگ" نماینده خورش سیچوان است. دیگ آتش ظرفی مخصوص غذا پزی روی آتش است و مردم سیچوان گوشت و سبزیجات مختلف

در دیگ می پزند. بزرگترین ویژگی "دیگ آتش چونگ چنیگ" طعم تند است. در چین، انواع دیگ آتش دارد و مثل "دیگ آتش گوشت خوک و سبزیجات ترش شمال شرقی چین"، " دیگ آتش گوشت گوسفند پکن " ، " دیگ آتش گوشت و سبزیجات استان هونان" و "دیگ آتش گل داودی شانگهای" است. اما دیگ آتش چونگ چنیگ " فراگیرتر" است چرا که مردم چونگ چنیگ بیش از صد انواع مواد غذایی مثل سیرابی گاو و گوسفند، گوشت اردک، گوشت سگ، گوشت گاو، گوشت مرغ با فلفل قرمز و حتی گوشت مار در این دیگ آتش آب پزی می کنند. در مناطق دیگر، مردم فقط در زمستان با دیگ آتش غذای آب پز می خورند، اما مردم چونگ کینگ در چهار فصل و به ویژه در تابستان داغ "دیگ آتش چونگ چنیگ" مصرف می کنند. چون شهر چونگ چنیگ آب و هوای داغ و مرطوب و پر از مه دارد و "دیگ آتش چونگ چنیگ" با طعم و مزه تند در تمام سال در آنجا مناسب است.

مردم استان های غربی چین غذاهای تند را دوست دارند و آنان باورند مواد غذایی تند سرما و رطوبت بدن را از بین می برد. فلفل قرمز در زمان حدود

حضور مردم شهرستان هونگ جه استان جیانگ سو برای چشیدن خرچنگ

اواخر سلسله مینگ و اوایل سلسله چینگ از آمریکا به چین معرفی شده بود. در ابتدا، مردم فلفل قرمز را به عنوان گیاه بونسای یا گیاه دارویی پرورش می کردند. سپس مردم استان گوئیژو و نواحی مجاور فلفل قرمز را به عنوان نوع چاشینی و جایگزین نمک به غذاهای خود می ریختند. امروز، نه تنها خورش تند سیچوان در سراسر کشور چین معروف است، بلکه در استان های همسایه سیچوان، مثل گوئیژو، یوننان، هوبئی و استان های مرکز و جنوب چین مثل هونان، جیانگشی و گوانگ شی خورش های مختلف تند هم وجود دارند. به طور خلاصه، خورش این استان های طعم تند و اما ویژگی مخصوص به خود هم دارد. مثلا خورش سیچوان مزه زبان سوز دارد، خورش گوئیژو تند و ترش است و خورش شانکسی بسیار تند و شور است. در سال های اخیر، در پکن، شانگهای، شنزن، گوانگژو و سایر شهرهای بزرگ چین ، این خورش های محلی به طور گسترده مورد استقبال مردم می شوند.

خورش هونان هم بسیار تند و همچنین دارای شهرت جهانی است. آشپزان خورش هونان به هنر قطع و برش مواد غذایی مقید هستند و در عین پخت و پز، روغن زیادی به مواد غذایی هم می ریزند. تکنیک های درست خورش هونان شامل آب پزی، بخار پزی و سرخ کردن است. خورش هونان طعم و مزه تند، ترش، لذیذ و دودی دارد. طعم تند و گوشت نمک سود ویژگی های اصلی خورش هونان است. مردم هونان به فلفل قرمز علاقه خاصی دارند و از غذاهای ضیافت بزرگ تا غذای خانوار، فلفل قرمز نقش مهمی ایفا می کند. روش درست گوشت نمک سود آسان نیست. آشپزان هونان گوشت خوک را برای چند روز بالای آتش می آوزند و با دود آتش به طور ملایم گوشت را می پزند. دود آتش نه تنها گوشت را به رنگ دودی می سوزد، بلکه عطر خاصی چوبی هم با دود به گوشت نفوذ می کند. گوشت نمک سود قابل ذخیره سازی طولانی مدت است. مردم گوشت نمک سود درست و ذخیره می کنند. آشپزان گوشت نمک سود را شستشو و بخار پزی و به قطعات نازک برش می کنند. سپس، این قطعات را با سیر سبز یا فلفل قرمز در روغن سرخ می کنند. در حال حاضر، مردم شهرستان دیگر گوشت نمک سود را در خانه نمی سازند و از سوپر مارکت می خرند. در حال حاضر، مردم گوشت نمک سود را در کارخانه ها با شیوه صنعتی می سازند و اما طعم و مزه آن با گوشت نمک سود که از شیوه سنتی درست شده، فرقی بزرگی دارد.

خورش کانتون از جمله خورش محلی گوانگژو، خورش چا ژو و خورش دونگ ژیانگ است. مردم استان کانتون به غذاها اهمیت خاصی می دهند. شهر گوانگژو در دلتای رودخانه "ژو جیانگ" قرار دارد و مرکز حمل و نقل و تجاری جنوب چین است. علاوه بر این، گوانگژو شهر بندر و پول رفت و آمد چین و کشورهای خارجی است. مسافران داخلی و خارجی به گوانگژو می آیند و خورش و غذاهای زادگاه خود را به این شهر می آورند. بنابراین، خورش گوانگژو مجموعه ویژگی ممتاز انواع خورش های محلی چین و مواد غذایی خورش گوانگژو هم بسیار غنی است. جوکی دارد که کانتونیان علاوه بر میز و صندلی، همه چیزهای چهار پا به عنوان مواد غذایی می پذیرند. برخی رستوران های گوانگژو، حشرات و کرم هم می پزند. کانتونیان به غذاهای دریایی علاقه خاصی دارند. آنان سیلقه غذایی خود این طوری توضیح می دهند: "شام بدون ماهی برای ما غیر قابل قبول است". "مارماهی سرخ شده"، "فیله های ماهی وای"، "میگوی روغن پز" و غیره معروفترین خورش های کانتون به شمار می رود. مهارت های پخت و پز خورش کانتون نه تنها ترکیب مهارت آشپزی معروف شمال چین، بلکه تحت تاثیر رژیم غذایی چینی در خارج از کشور قرار می گیرد. آشپزان خورش کانتون می توانند از ویژگی های فرهنگی یاد گیری می کنند و باعث می شود که آنان خورش با طعم سبک و پر از تغذیه می پزند. مردم کانتون غذاهای روزانه را داروی مقوی هم می دانستند و انواع آش فصلی شاهکار آشپزی آنان هستند. کانتونیان انواع مواد غذایی در یک قابلمه کوچک قرار می دهند و روی آتش ملایم می جوشند. سپس ماهی یا گوشت پخته و ادویه مختلف هم به قابلمه می ریزند و تا آش کاملا پخته می شود. بنابراین، آش کانتونی نه تنها خوشمزه، بلکه مغذی و مقوی است.

استان جیانگ سو چین دارای آب و هوای معتدل است. در این استان استخر و دریاچه و کوه های زیادی قرار دارد و تولیدات طبیعی فراوانی دارد.

غذای چائو جو استان گوانگ دونگ که یکی از ویژگی آن لذیذ بودن خورش های دریایی است.

بنابراین، استان جیانگ سو را به عنوان "سبد ماهی و برنج چین" شناخته شده است. بیشتر خورش استان جیانگ سو مانند منظره قشنگ این استان طعم طبیعی و ظاهر ظریف دارد مثل آثار هنری است. حتی پنیر سویای عادی، در دست آشپزان جیانگ سو به فیله ها و رشته های نازک برش می شود. "ماهی بخار پز شهر ژن ژیانگ"، "ماهی ترش و شیرین دریاچه شی هو شهر هانگزو" و "گوشت خوک آب پز شهر هانگزو"، "گوشت و استخوان آب پز شهر وای شی" و "کوفته سر شیر شهر یانگ ژو" معروفترین خورش های جیانگ سو به شمار می روند. "کوفته سر شیر شهر یانگ ژو" در واقع کوفته بزرگ و شکلش شبیه سر شیر است. آشپزان سی در صد چربی خوک و هفتم در صد گوشت خوک بدون چربی را مخلوط می کنند و به پوره گوشت می کوفند. سپس، این کوفته را بخار پز می کنند و سس سویا روی آن می ریزند. مردم شهر نانجینگ به غذای اردک علاقه ای دارند. آنان انواع غذاهای اردک مثل اردک شور، اردک دودی، اردک خوابانده درست می کنند. در زمستان، مردم محلی نانجینگ اردک شور و کلم را تکه می کنند و باهم در آب می پزند و سوپ اردک خوشمزه با رنگ شیر به دست می آورند.

کوفته «سان توئو یان» شهر یانگ جو که با گوشت دنده، زرده تخم مرغ و گوشت خرچنگ، کلم، میگو و مواد خوراکی دیگر تهیه می شود.

در بین خورش استان جیانگ سو، خورش شهرهای یانگ ژو، سوژو، واو شی تاریخ طولانی و ویژگی های برجسته خود دارند. با آن که خورش یانگ ژو با شیوه های مختلف پخت و پز درست می شود، طعم و مزه اصلی مواد غذایی را خوب حفظ می شود. علاوه بر این، انواع شیرینی شهر یانگ ژو بسیار معروف است. سوژو شهر تاریخی و پر از عناصر فرهنگی است. آشپزان سوژو به کیفیت مواد غذایی و ترکیب چاشنی خورش توجه ویژه ای دارند. در سال های اخیر، خرچنگ دریاچه یانگ چان شهر سوژو در سراسر کشور شهرت می گیرد. خورش شهر واو شی دو طعم ویژه ای دارد و یکی "طعم شیرین" و دیگری "طعم بدبو" است. چون آشپزان واو شی به تقریبا تمام خورش شکر می ریزند و بیشتر طعم خورش واو شی شیرین است. مردم واو شی خورش "پنیر سویای بد بو" را بسیار دوست دارند. هر چه "پنیر سویای بد بو" بوی سنگینی دارد، مورد علاقه بیشتر واو شیان می شود.

خورش ژجیانگ فقط از مواد غذایی تازه و طبیعی پخت و پز می شود. شیوه های درست خورش ژجیانگ شامل سرخ کردن، آب پزی کردن، بخار پزی کردن، روغن سوزی کردن و غیره است و آشپزان ژجیانگ سعی می کنند طعم و رنگ مواد غذایی اصلی را حفظ کنند. جوانه بامبو، ژامبون، قارچ و سبزیجات معمولترین مواد مکمل و شراب برنج، پیاز سبز، زنجبیل، سرکه، شکر رایج ترین چاشینی خورش ژجیانگ به شمار می رود. در استان ژجیانگ، خورش محلی شهرهای هانگزو، نیگ بای، شا شینگ، وان ژو شهرت ویژه ای دارد. نیگ بای شهر ساحلی است. بنابراین، غذاهای دریایی نیگ بای بسیار غنی است و بیشتر خورش این شهر طعم شور دارد. شهر هانگزو تاریخ دیرینه و مناظر زیبا دارد. طعم خورش هانگزو بسیار سبک است. آشپزان شهر هانگزو از چاشینی تند و

غذای معروف استان فو جیان: «فو تیائو چیانگ» (که با ترکیب آبزیان دریایی تهیه می شود)

شور علاقه ای ندارند و از سس روغن قرمز استفاده نمی کنند. "ماهی شیرین و ترش دریاچه شی هو" و " آرنج گوشت خوک دونگ پا" (دونگ پا اختراع کننده این خورش است) معروفترین خورش شهر هانگزو است.

خورشهای استان آنهویی از سه خورش محلی شهر وان نای، خورش محلی سواحل رودخانه یانگ تسه و سواحل رودخانه هوای تشکیل می شود. شیوه های عمده درست خورش محلی استان آنهویی آب پزی کردن و سرخ کردن است. آشپزان آنهویی مهارت کنترل قدرت آتش را بسیار بلد هستند و زنجیل و فلفل قرمز به عنوان چاشینی زیاد به خورش می ریزند. بیشتر انواع خوش آنهویی طعم شور و لذیذی دارند. بیش از صد سال پیش، خورشهای استان آنهویی در سراسر کشور مشهور بود. به دلیل این که تاجران آنهویی چین باستان پولداران بودند، آنان بر روی مواد غذایی هزینه زیادی می کردند و حتی میزهای آنان از چوب گرانبها ساخته بودند. اما در حال حاضر، با رقابت شدید رستوران های محلی در سراسر کشور، خورشهای استان آنهویی به تدریج فراموش شده است و فقط در خود استان آنهویی، می توانند از خورشهای اصلی این استان لذت می برند.

خورشهای استان فوجیان در چین هم بسیار معروف هستند. شیوه های عمده پخت و پز خورشهای استان فوجیان شامل بخار پزی کردن و آب پزی کردن و طعم آن معمولا شیرین و ترش است. انواع سوپ در خورشهای استان فوجیان نقش مهمی دارند و معروفترین سوپ ها شامل "سوپ کوفته ماهی"، " سوپ مرغ"، "سوپ صدف دریایی"، "سوپ بودا جذاب" و غیره است. به خصوص "سوپ جذاب بودایی" در سال های اخیر مورد علاقه عمیق می شوند. این سوپ از سی انواع مواد اولیه پخته می شود و شامل گوشت گوسفند و گاو، مرغ، اردک، خیار دریایی، صدف، جوانه بامبو، قارچ وغیره است. این مواد

غذایی همراه چاشینی را در دیگ بزرگی سفالی روی آتش ملایم می گذارند و برای پنج تا شش ساعت می جوشند تا سوپ بسیار لذیذ به دست می آورند. گفته می شود که این سوپ این قدر خوشمزه است تا حتی راهبان معبد که گیاه خواران هستند را جذب می کند. بنابراین، این سوپ را "سوپ بوا جذاب" را نامیده می شود.

بغییر از هشت مجموعه خورش های محلی معروف، خورش های محلی دیگر هم در چین وجود دارد که ویژگی های برجسته و بر فرهنگ آشپزی چین تاثیرات بزرگی دارد.

پکن به عنوان پایتخت باستانی چین و شهر بزرگ بین المللی، پر از آشپزان و رستوران های معروف است. اما خورش های پکن به یکی از هشت مجموعه خورش های محلی به شمار نمی رود. شاید به دلیل این که پکن شهر فراگیر است و می توانید خورش های محلی کل کشور در این شهر لذت ببرید. همچنین رستوران های فرانسوی، ایتالیایی، روسی، اسپانیایی، آمریکا، ژاپن، کره جنوبی، هند، ویتنام، اندونزی، تایلند، ایران و دیگر کشورهای غربی و آسیایی متفاوت هم در پکن باز هستند. البته، پکن غذای معروف مخصوص به خود هم دارد. "اردک پکن" غذای سنتی پکن است و به اصطلاح "کسی که به دیوار چین سفر نکرده، به قهرمان واقعی شمار نمی ورد. کسی که اردک پکن نخورده، واقعا متاسفم است". معروف ترین رستوران های پکن که اردک پکن می پزند، "بیان ای فوفا" و "چیان جو دای" هستند. آشپزان کل اردک را برای دو سه ساعت روی آتش حلق آویز می کنند تا پوست ار دک به رنگ روشن و قرمز تبدیل بشود. سپس اردک پخته را به قطعات کوچک می برند. مهمانان قطعات گوشت اردک و سس شیرین و پیاز سبز خرد شده در نان نازک بخار پز می پیچند و لذت می برند.

شهر شانگهای در سواحل شرقی چین واقع و همسایه استان های جیانگ سو و ژجیانگ است. بنابراین، خورش های شهر شانگهای با خورش های این دو استان مشابهی دارد. "مرغ آب پز"، "میگو با خیار دریایی"، "جوانه بامبو"، "استخوان خوک با نمک و فلفل" خورش های سنتی و معروف شانگهای هستند.

آموزش چگونگی صرف اردک برشته شده توسط خدمتکاران رستوران «چوان جو ده» به مشتریان خارجی

بریان کردن اردک در تنور رستوران «چوان جو ده» شهر پکن

علاوه بر این، چون شانگهای به عنوان کلان شهر بین المللی و مرکز اقتصادی چین به شمار می رود، مردم شانگهای می توانند از غذاهای مختلف شرقی و غربی لذت ببرند.

بر خلاف طعم تند خورش های استان های جنوب غربی چین و طعم شیرین خورش های مناطق سواحلی، طعم خورش های استان های شمال شرقی چین بسیار شور است. خورش های استان های جنوب غربی چین مظهر خوی گستاخ و بند و بار مردم شمالی چین است و شیوه های آشپزی آن نسبتا ساده است. در زمستان، استان های شمال شرقی چین بسیار سرد است. مردم کلم شور و ترش (نوعی کلم تخمیر شده)، گوشت قرمز و مرغ، سبزیجات را در دیگ آتش می جوشند و با سس می خورند تا سرمای زمستانی را رفع کنند.

چند اقلیت های قومی در استان یوننان اقامت می کنند و خورش های این استان ویژگی های آشکار منطقه ای دارد. به خصوص، مردم استان یوننان انواع قارچ های وحشی می پزند. در این استان بیش از پنچصد نوع قارچ وحشی خوراکی دارد و در بین آنها "قارچ تاج خروس" به عنوان "پادشاه از قارچ ها" شناخته می شود. شکل "قارچ تاج خروس" شبیه تاج خروس و بسیار خوشمزه است. این قارچ در مکان هایی بسیار عجیب یعنی روی لانه موریانه ریشه می زند. قارچ تاج خروس سبزی فصلی است و به آسانی ذخیره نمی شود. برای این که در چهار فصل این قارچ لذیذ را بخورند، مردم قارچ تازه با فلفل قرمز در روغن نباتی سرخ می کنند و سپس در مکان خنک آن را خشک می کنند تا "قارچ تاج خروس" خشک شده به دست بیاورند. طعم "قارچ تاج خروس" خشک شده شبیه تشنجی گوشت گاو است و اقلیت های قومی استان یوننان با این قارچ خشک شده با گوشت یا تخم مرغ می پزند.

استان هوبئی در جنوب چین واقع است. چون این استان دریاچه های زیاد دارد، تولیدات آبی معمولترین مواد اولیه خورش های هوبئی است. شیوه عمده پخت و پز خورش های استان هوبئی بخار پزی است.

آب پز کردن کلم شور نوعی غذای مخصوص قوم مان در شهرستان نینگ آن شهر مودان جیانگ استان هه لونگ جیانگ

نوعی قارچ وحشی به نام «قارچ ترمیته»

مواد اولیه آشپزی خورش های استان گوئیژو شامل مرغ، اردک، گوشت خوک، گوشت گاو، سبزیجات، پنیر سویا و غیره است. گوئیژو هم استان مسکونی اقلیت های قومی است. آشپزان این استان از روش های پخت و پز اقلیت های قومی محلی یاد گرفته و بیشتر خورش ها طعم تند و شور دارد. "ماهی تابه پز"، "ماهی با سوپ ترش" و "گوشت سگ آب پز" معروف ترین خورش های استان گوئیژو به شمار می رود.

مردم استان گونگ شی خورک تند و غذاهای دریایی را دوست دارند. مهارت های آشپزی این استان تحت تاثیر سنت های غذاخوری اقلیت های قومی محلی می گیرد. علاوه بر این، از آنجا که استان گونگ شیٰ بسیاری از داروهای گیاهی با ارزش تولید می کند، آشپزان این استان با این داروهای گیاهی "خورش های دارویی" مقوی و مغذی می پزند.

خورش و خوراک های محلی و طعم و مزه متفاوت منعکس کننده سنت دیرینه و فرهنگ رنگارنگ منطقه ای چین است. اگر در چین سفر می کنید، می توانید نه تنها از منظره زیبا و با شکوه مناطق چین، بلکه از خورش های محلی خوشمزه و فرهنگ غذاخوری سنتی لذت ببرید. برای خارجیانی که در چین مقیم هستند، یا در هتل های لوکس یا در رستوران های کوچک از غذاهای چین امتحان می کنند، در واقع از فرهنگ غنی و مخصوص غذاخوری چین تجربه می کنند.

مقبلات و اسنک مختلف چین

"مقبلات و اسنک" با خورش های عمده فرق می کند. مردم نه برای پر شکم، بلکه برای تفریح مقبلات و اسنک می خورند. کشور چین انواع مقبلات مختلف دارد و بیشتر مقبلات طعم و بوی قوی دارد. البته، قیمت ارزان هم یکی از بزرگترین ویژگی های مقبلات به شمار می رود. مسافران معمولا در رستوران ها و اغذیه فروشی های کوچک چین می توانند از چشایی غیر عادی انواع مقبلات خوشمزه احساس کنند. مردم در حالی که مقبلات را امتحان می کنند، با خلق و خوی شاد و آرام از آداب و رسوم و تاریخ و فرهنگ محلی هم لذت می برند. بگذاریم از شمال تا جنوب و از غرب تا شرق چین سفر و مقبلات در مسیر را امتحان کنیم.

شهر باستانشیان توقف اول است. علاوه بر لشگر سفالی و ساختمان تاریخی، مقبلات سنتی شیان جذاب ترین چیز برای مسافران است. مردم شهر شیان گاو و گوسفند را پرورش می کنند. استخوان گاو و گوسفند مواد خوارکی پر از تغذیه است و کاربرد تقویت کلیه آدم دارد. بنابراین، مردم شیان استخوان های گاو و گوسفند و گوشت را به عنوان مواد خام مهم می دانستند و سوپ مقوی می پزند. "آب گوشت و نان" یکی از مقبلات معروف شیان است. آشپزان نان تازه پخته را به اندازه کوچک خرد می کنند و با گوشت گوسفند آب پزی، فلفل قرمز خشک و چاشینی دیگر در کاسه بزرگ می گذارند و سوپ داغ استخوان گوسفند به این کاسه هم می ریزند تا "آب گوشت و نان" درست می شوند.

از شهر شیان به طرف غرب سفر می کنیم. در شهر اینگ چانگ

خورش معروف شهر شی آن – آبگوشت گوسفندی با نان به نام یانگ رو پائو مو

دلمه «جیا سان» شهر شی آن که از شهرت زیاد برخوردار است

به سیخ کشیدن گوشت گوسفند برای کباب توسط یک جوان اویغور در بازار بزرگ بوله منطقه شین جیانگ

مجموعه مجسمه ها که فضای رستوران رشته سنتی لامیان را نشان می دهد. این نوع غذا و روش آشپزی آن به عنوان میراث معنوی شهر لانجو ثبت شده است.

می توانیم از مقبلات "کباب گوشت سر گوسفند" لذت ببریم. مقبلات "رشته با سوپ گوشت گاو" شهر لان جو بسیار معروف است. اگر آن را لذت نبریم بسیار حیف می باشد. در توقف شهر شی نانگ حتما باید از مقبلات "سوپ احشایی گوسفند" امتحان کنیم. در شهر ارومچی البته "کباب بره" می خوریم.

از شهر شیان به جنوب می رویم و وارد استان سیچوان می شویم. در شهر چنگدو یعنی پایتخت استان سیچوان، مقبلات مختلف مثل "رشته برنجی"، "نان سیب زمینی شیرین"، "کیک کنجد"، "گوشت خوک دودی"، "سوپ پنیر سویا" و غیره دارد.

از استان سیچوان باز هم به طرف جنوب سفر می کنیم و به استان یوننان می آییم. "رشته برنج عبور پل" یکی از معروف ترین مقبلات استان یوننان است. داستانی در باره این خوراک دارد. گفته می شود در سلسله چینگ، زن و شوهری در استان یوننان زندگی می کردند. شوهر در روز در جزیره ای وسط دریاچه درس می خواند و زن در خانه ناهار می پخت و به نزدیک شوهرش می برد. اما چون از خانه تا جزیره راه دور داشت و ناهار شوهر زود سرد می شد. زن هوشمند رشته برنج و سوپ مرغ جداگانه می پخت و تا به جزیره رسید، سوپ داغ را به رشته می ریخت تا رشته برنج هم داغ بشود. چون این زن هر روز از پلی عبور می کرد و به جزیره همسرش می رسید، غذایی که ایشان هر روز درست می کرد به "رشته برنج عبور پل" نامیده شد. هنگامی که "رشته برنج عبور پل" می خوریم، معمولا اول رشته و سپس سوپ می خوریم، چون سوپ داغ آن دهان را می سوزد.

مقبلات های شهر پکن و تیانجین در شمال چین خیلی معروف است. چون شهر پکن پایتخت قدیم چین بود و حاکمان سلطنتی چین مقبلات را دوست داشت. آشپزان سلطنتی با توجه به سلیقه آنان، انواع مبقلات درست می کردند. تا به حال، در پکن بیش از دویست انواع مقبلات سنتی دارد و مشهورترین مقبلات شامل "سیرابی گوسفند سرخ شده"، "شیر سویای خوابانده"، "جگر خوک سرخ شده"، "شیرینی برنج" و "گوشت گاو آب پز" غیره است. در شهر پکن، اغذیه فروشی سنتی که بیش از یک قرن تجربه آشپزی بعضی مبقلات هم وجود دارد. مثلا "سیرابی گوسفند سرخ شده" رستوران "بادو فون" بسیار لذیذ است. اغذیه فروشی "ایو شنگ ژای" مبقلات "گوشت گاو آب پز" خوشمزه درست می کند. کباب گوسفند رستوران "کا ژو جی" بسیار معروف است. "شیر سویای

خوابانده" طعم شیرین و ترش دارد و برخی مردم پکن در صبحانه این را می خورند. در زمستان، بچه های پکن "زالزالک ها با پوسته شکر" (زالزالک ها را به سیخ کشیده شده در پوسته متبلور از آب شکر) را می خورند.

شهر تیانجین همسایه نزدیک پکن و شهر بندی است. بسیاری از انواع مقبلات های تیانجین مثل مقبلات شمالی چین، از آرد ساخته می شود. "بایو زی" (نان با مغز گوشتی یا سبزی بابخار پخته شده) و "ما های" (نان پیچیده و سرخ شده در روغن) ممتازترین مبقلات تیانجین به شمار می رود. "بایو زی" شهر تیانجین با دست ساخته می شود و مغز آن نه تنها گوشت بلکه سوپ است که بسیار لذیذ است. "ما های" تیانجین با مارک "شی با ژی" خیلی معروف و از آرد و ادویه جات مختلفی ساخته می شود. علاوه براین، در شهر تیانجین، مقبلات دیگری به نام "گوای با زای" یا "گع با زای" وجود دارد که مثل بافتون بسیار

زالزالک وحشی شهدی در بازار مکاره چانگ دیان شهر پکن

رشته «گوئو چیائو می شین» که در دیگ مخصوص پخته می شود

شلوغی رستوران ها در یک خیابان مخصوص در منطقه معبد چنگ هوان شهر شانگهای

خوردن بائو زی (نوعی لقمه آب پز شده) توسط مادر و پسر در رستوران بائو زی به نام گو بو لی در شهر تین جین

خوشمزه است. مردم محلی "گوای با زای" داغ را می خورند.

شهر شانگهای محل پر از مبقلات های مختلف در شرق چین است. انواع اغذیه فروشی ها در منطقه "معبد چان هوان" شهر شانگهای جمع آوری می کنند و در بین انواع مبقلات های شانگهای، "بایو زی با مغزه سوپ"، "ماین ژین" (خمیر چسبنده گندم) و "نان آرد سویایی" بیشتر مورد علاقه مردم می شوند. "بایو زی با مغزه سوپ" پوست آردی نازک دارد و در مغزه آن سوپ داغ وجود دارد. هنگامی که "بایو زی با مغزه سوپ" می خورند، باید در ابتدا پوستش را باز کنند و سوپ را بخورند و سپس از مغزه گوشتی لذت ببرند. "نان آرد سویایی" از آرد سویا ساخته می شود و بسیار نازک است. مردم کباب گوشتی در "نان آرد سویایی" می پیچند و می خورند. مردم شانگهای خمیر گندم را می آب پزی می کنند و سوپ داغ، پیاز سبز خرد شده و روغن کنجد را روی آن می ریزند تا سوپ "ماین ژین" خوشمزه درست کنند.

علاوه بر این، برخی مبقلات های معروف محلی دیگر هم وجود دارد. مثلا در شهر نانجینگ، مبقلات "نیلوفر آبی با برنج در سراخ"، "تخم مرغ بلدرچین"، "رشته با سوپ گوشت گاو"، "صدف حلزون سرخ شده"، "سوپ خون اردک" و غیره دارد. در شهر هانگزو، مبقلات های ظریف مثل "کیک گل داودی"، "پودر نیلوفر آبی دریاچه شی هو"، "تکه های خمیر سرخ شده" و "نان سرخ شده" دارد. استان فوجیان در سواحل جنوبی چین قرار دارد و بنابراین، بیشتر مواد اولیه مبقلات این استان تولیدات دریایی است. بیشتر مبقلات های استان کانتون خوراک شرخ شده است و از جمله " سوسیس سرخ شده"، "گوشت غاز سرخ

صبحانه مخصوص در شهر گوانگ جو: دلمه با گوشت میگو، دلمه آب پز شائو مای و پای مرغ

شده"، "رشته سرخ شده" و غیره است. مردم کانتون عادت می کنند بعد از آن که مبقلات مصرف کنند، چای گیاهی هم بخورند.

تقربیا همه مبقلات محلی چین تاریخ طولانی و برجستگی خود دارد و میراث ارزشمند فرهنگ غذایی چین است. اما در حال حاضر، این مبقلات ها به چشم انداز تاریک و دلگیر رو به رو می شوند. وضعیت بسیاری از اغذیه فروشی مبقلات خوشایند نیست و حتی بعضی مبقلات های سنتی و قدیمی ناپدید شده یا در حال ناپدید است. چون پخت و پز مبقلات کار سخت و نسبتا کم سود است، برخی از رستوران ها و اغذیه فروشی های خصوصی به آن علاقه ای ندارند. مدیران چین برای "نجات مبقلات سنتی" کار ضروری می دانستند و در این مورد برنامه ریزی کردند.

رستوران های مختلف چین

در سال های اخیر، با رشد سریع اقتصاد چین، استاندارد زندگی مردم به سرعت ارتقاء می کند. رژیم غذایی مردم چین هم تغییر می کند و همه به تعادل تغذیه و بهداشتی خود توجه بیشتری می کنند. افزایش آگاهی بهداشتی مردم، نه تنها به عادات غذاخوری و رژیم غذایی تاثیر می گذارد، بلکه توسعه کشاورزی مدرن و صنعت خوراکی مربوط را ترویج می کند. از سوی دیگر، به عنوان بخشی از فرهنگ غذایی غرب، رستوران های غربی به تدریج وارد بازار چین می شوند و مردم چین در کشور خود می توانند غذاهای غربی را امتحان کنند. انواع فست فود غربی هم به سرعت در میزهای مردم چین جای می گیرند و سنت غذاخوری و سبک زندگی مردم چین را تغییر می کند.

در دهه پنجم ت ا ششم قرن ۲۰، بعد از تاسیس دولت جمهوری چین، مهارت های پخت و پز اصلاح می گرفت و برخی خورش های جدید به تدریج پیش آمد. با این حال، به دلیل این که فضای اجتماعی آن زمان تشویق صرفه جویی و مخالف زندگی تجملی بود، مردم خورش و غذاهای ظریف را نماد منحط و مبتذل می دانستند و تا حدودی توسعه مهارت پخت و پز محدود شده بود. بسیاری از رستورانهای دولتی مطابق شیوه های سنتی خورش ها می پختند و قیمت و کیفیت آنها رضایت بخش نبود.

بعد از اجرای سیاست اصلاحات و دربازی، در روز ۳۰ سپتامبر سال ۱۹۸۰، اولین رستوران خصوصی به نام " یو بنی" در پکن باز شد. این رستوران کوچک توجه جامعه بین المللی به خود جمع می کرد. مالک این رستوران گفت، در اولین روز که رستوران را باز شد، با سی و شش یوان چهار اردک را خرید و با این مواد غذایی خورشها را برای مشتریان پخت. به دلیل کنجکاوی هفتاد و دو سفیران و هفتاد و چهار خبرنگاران خارجی هم به رستورانش آمدند و غذاها را امتحان می کردند.

با بهبود شرایط زندگی، بیشتر مردم چین هم وارد رستوران ها شدند تا از غذاهایی که نمی توانستند در خانه بزنند لب بزنند. انواع رستوران های خصوصی پدید آمدند و بسیاری از سرمایه گذاری نیز جذب کرد. آشپزان معروف در رستورانهای بزرگ خورش های سنتی و مورد علاقه مردم را می پختند. صاحبان غذیه فروشی های کوچک مشغول گسترش مغازه های خود می شدند. پیشخدمت های خانم لباس قشنگ می پوشیدند و با لبخند زیبا دم در رستوران ها مشتریان را استقبال می کردند. چون غذاها و سرویس رستوران های خصوصی بهتر از رستوران های دولتی بودند، بسیاری از رستوران های دولتی در

مشتریان چینی و خارجی در یک رستوران در خیابان گوی منطقه دونگ جی من شهر پکن. از میان بیش از ۱۵۰ مغازه و فروشگاه در خیابان گوی با مسافت بیش از یک کیلومتر، حدود ۹۰ درصد مغازه های این محل رستوران است. یک خیابان معروف رستورانی در شهر پکن به شمار می رود. این خیابان در نزدیکی نمایندگی های سیاسی کشورهای خارجی در پکن واقع است و گردشگران و کارمندان خارجی مقیم چین می توانند به راحتی غذاهای اصلی و خوشمزه چینی را در آن جا صرف کنند.

رقابت شدید به تدریج رونق از دست می دادند. در شهرهای بزرگ، برخی از خورش های سنتی که قبلا فراموش شده بود، به صورت غذایی مردم برگشتند.

با توسعه جامعه و حرکت جمعیت، به منظور دیدار با سلیقه مشتریان متفاوت، در پکن، شانگهای، گوانگژو، شنزن و سایر شهرها، رستوران هایی که خورش های محلی می پزند قرار دارند. مثلا رستوران هایی که خورش های استان کانتون، هونان، شانشی، یوننان، گوئیژو و غیره ارائه می دهند در تقریبا همه شهرهای بزرگ وجود دارند. بیشتر خارجیان از تفاوت خورش های محلی چین بلد نیستند و به ویژگی های رستوران هم علاقه ندارند، آنان فقط می خواهند از همه غذاهای خوشمزه چین لذت ببرند. آنان در شهرهای بزرگ چین حتمی می توانند غذاهای مورد علاقه خود را پیدا کنند. البته، به منظور انطباق

منظره ای از یک رستوران با محوطه سرباز، سی هه یوان در منطقه شون ده استان گوانگ دونگ

با سلیقه ساکنان محلی، آشپزان هم طعم و مزه برخی از خورش های محلی تنظیم می کنند. مثلا آشپزان برای جواب سلیقه مردم پکن، وقتی خورشهای تند استان هونان می پزند، زیاد فلفل نمی ریزند.

در سال های اخیر، روند محبوب غذایی در چین به سرعت تغییر می کرد. انواع خورش های استان کانتون، "ماهی با سبزی ترش" استان سیچوان، "کباب بره" استان سین کیانگ، "گوشت خوک سرخ شده" استان هونان، "گوشت بره پخته شده" استان هنان، "ماهی تند آب پز" و "خرچنگ تند" استان سیچوان و خورش های محلی غیره به نوبت محبوب می گرفت. در دو سال اخیر، در پکن، شانگهای، تایپه و شهرهای دیگر، رستوران هایی به نام "آشپزخانه خصوصی" به وجود آمدند و این رستوران ها خورش و شیرینی های منحصر به فرد می پزند و معمولا محیط غذاخوری بسیار راحت و دلپذیر دارند. این رستوران ها

رستوران «دونگ لای شون» در بازار وانگ فو جین در مرکز شهر پکن که در سال ۱۹۰۳ میلادی راه اندازی شد. این محل بیش از یکصد سال قدمت دارد. از سال ۱۹۹۶ میلادی، این رستوران به یک رستوران زنجیره ای تبدیل شده و در بسیاری مناطق چین دایر شده است.

مردم پایتخت در حال صرف غذای در رستوران «دونگ لای شون» پکن در فصل زمستان در سال ۱۹۸۲.

مورد استقبال مشتریان پولدار می شوند. در مقایسه با رستوران سنتی، رستوران بوفه آزادی بیشتری به مشتریان ارائه می دهد. بزرگترین مزیت رستوران بوفه این است که سلیقه متفاوت مشتریان را جواب می دهد و همه غذاهای مورد علاقه خود را پیدا می کنند.

در دهه نهم قرن ۲۰، مردم از رستوران هایی که خوراک با کیفیت و قیمت ارزان ارائه می دادند، راضی بودند. امروز، تقاضای مصرف کنندگان ارتقاء شده و نه تنها در رستوران ها شکم خود را پر می کنند، بلکه از غذاهای خوشمزه، محیط و سرویس دلپذیر لذت می برند. بنابراین، خورش های خانوار هم وارد رستوران می شوند. روش پخت و پز و طعم خورش های خانوار خاصیت بزرگی ندارد، اما قیمت آن مناسب است. بنابراین، در ضیافت خصوصی، جشن تولد و مراسم عروسی، مردم مایل هستند خورش های خانوار را سفارش کنند. محبوب ترین رستوارن هایی که خورش های خانوار را می پزند از جمله "می ژون دو پا" و "گوای لین ژای چان زای" و غیره هستند. محبوب شدن خورش های خانوار، نه تنها عادات غذاخوری مردم را تغییر، بلکه رقابت بین رستوران ها را تشدید می کند. رستوران هایی که خورش های خانوار ارائه می دهند، به سرعت مورد استقبال مردم می شوند و مشتریان زیاد را از رستوران های لوکس به خود جذب کرده هستند.

خارجیان که در چین سفر می کنند، رستوران های قدیمی را بیشتر می پسند. چون این رستوران ها معمولا صدها سال تارخ دارند و در آن جا می توانند

در خیابان شین جیه کوئو شهر نن جینگ، رستوران های بسیاری به سبک چینی و خارجی راه اندازی شده است.

از غذاهای سنتی و تزئینات پر از عناصر چین قدیمی لذت ببرند. در شهر پکن، رستورانهای قدیمی از جمله "بیان ای فانگ"، "چان جوی دای"، "داو لای شون"، "فو ژو ایان"، "فوان شان"، "شا گوا ژوی"، "کوا ژو جی"، "گوا دا لین" و غیره است. "لا ژان شین" و "مین لان ژن" رستورانهای قدیمی شهر شانگهای به شمار می روند. رستوران های قدیمی شهر تیانجین شامل "گو بو لی"، "هوا جی شون" و "تیا ای فان" و دیگر هستند. در رقابت شدید بازار، بیشتر این رستوارن های قدیمی هنوز هم مزیت خاص خود دارند و خورش های سنتی و فرهنگ طولانی آنها مشتریان را جذب می کنند.

"چان جوی دای" نمونه موفق رستوران های قدیمی شهر پکن است. "کباب اردک پکن" معروفترین خورش رستوران "چان جوی دای" و حتی در نظر خارجیان رستوارن "چان جوی دای" سمبل خورش کباب اردک پکن است. "چان جوی دای" هم بیش از صد شعبه در سراسر کشور باز کردند و به شرکت بزرگی تبدیل می شد.

" داو لای شون" هم یکی از معروفترین رستوران های پکن است. رستوارن "داو لای شون" فقط غذای حلال می پزد و شعبه اصلی در منطقه مرکز شهر پکن یعنی خیابان وان فو جین واقع است. این رستوارن اغذیه فروشی کوچک و به تدریج به رستوارن بزرگ و مشهور توسعه یافته است. علاوه بر "دیگ آتش"، بیش از دویست انواع خورش های حلال مثل " کباب بره "، "سوپ گوسفند"، "دم گوسفند سرخ شده در روغن" و غیره در منوی رستوران "داو لای

رستوران مسکو در شهر پکن رستورانیست به سبک روسی در سال ۱۹۵٤ میلادی راه اندازی شده است. معماری این رستوران بسیار زیبا و با شکوه است و نمایانگر فرهنگ روسی است. با توجه به تاریخ و ویژگی های فرهنگی آن، این رستوران خاطراتی ماندگار در ذهن بسیاری از مشتریان چینی برجای گذاشته است. با سپری شدن ٦٠ سال پس از راه اندازی آن، این رستوران همچنان سبک و سیمای خود را حفظ کرده و از شهرت بسیار برخوردار است.

شون" است و بیشتر از شیوه های سنتی پخته می شود.

در مقایسه با رستوران های سنتی مذکور، رستورانهای فست فود چینی جوان تر هستند. این رستورانهای فست فود مدل مدیریت غربی را تقلید و در ده سال اخیر شعبه های آن به سرعت در همه شهرهای چین گسترش می کردند. انواع فست فود چینی هم منطبق طعم و سلیقه مردم چین هستند و هم قیمت مناسب دارند و مورد استقبال مشتریان می شوند. در عین حال، رستوران های زنجیره ای فست فود خارجی مثل KFC، مک دونالد و پیتزا کلبه و دیگر هم در چین توسعه یافته، غذاهای غربی مانند همبرگر، پیتزا، کولر هم مورد قبول مردم چین هستند.

در واقع، غذاهای غربی در حدود هفتصد پیش وارد چین شد. در هنگام سفر تاجر ایتالیایی مارکو پولو به چین، برخی از روش های آشپزی اروپایی چین معرفی کرد. اما خورشهای غربی فقط در خانوادههای خارجی در چین و گاهی اوقات در کاخ سلطنتی چین پخت و پز می شدند و در بین مردم عادی رایج نبودند. پس از اواسط قرن ۱۹، همراه با تهاجم قدرت های غربی، به تدریج تعداد خارجیان که در چین اقامت می کردند، افزایش می شدند. خدمتگزاران چینی آنان مهارت پخت و پز غذاهای خارجی هم از آنان یاد گرفتند. به تدریج، خورش های غربی برای مردم چین دیگر چیز عجیبی نبودند و رستوارن های خارجی زیاد هم در شهرهای بزرگ چین باز شدند.

سی سال بعد از اجرای سیاست اصلاحات و در بازی، به ویژه پس از ورود به قرن جدید، رستوران هایی که خورش های خارجی ارائه می دهند، در مناطق مستقل خارجیان و جاهای دیدنی شهرهای بزرگ چین زیاد باز می شوند. این رستوران ها نه تنها غذاهای خارجی، بلکه فرهنگ و آداب و رسوم غذاخوری کشورهای دیگر برای مردم چین معرفی می کنند.

پی نوشت: تجربه من از غذا خوردن در رستوران های آمریکا

فکر می کنم، عادت های من شبیه عادت های بیشتر مردم است! همه ما هر روز رو به روی میز غذا قرار می گیریم و هر روز در چند وعده غذاهای متنوع می خوریم. به این ترتیب اندک اندک تقریبا به یک «کارشناس» مواد غذایی تبدیل می شویم.

پیش از این، مقاله هایی درباره غذا نوشته ام ولی در آن زمان بیشتر به معرفی چگونگی و مراحل پخت غذا پرداختم. از آن پس، من به تحقیقات درباره غذا و مواد غذایی بیشتر توجه کرده و به طور عمیق و علمی به پژوهش پرداختم. باید بگویم که آغاز تحقیقاتم، به سفرم به آمریکا در چند سال گذشته ارتباط دارد. در سال ۲۰۰۹، من به عنوان معلم زبان چینی در یک دانشگاه در منطقه مرکزی آمریکا شروع به فعالیت کردم و در طول آن مدت، هر روز سه بار در رستوران دانشگاه غذا می خوردم و چندین بار به دعوت دوستان آمریکایی در مهمانی خصوصی و رسمی شرکت کردم، به این ترتیب تفاوت های فرهنگ غذایی در شرق و غرب را از نزدیک لمس کردم.

در مقایسه با سادگی اصول غذایی مردم آمریکا، «غذا خوردن» در چین بسیار دقیق و جالب تر است.

هنگامی که برای نخستین بار در مهمانی خصوصی یک خانواده آمریکایی شرکت کردم، متوجه شدم که مهمانان معمولا خودشان خوراک را آماده کرده و سرو می کنند. این خوراک ها شامل گوشت و سبزیجات می شد. اما تمام مواد غذایی سرد و خشک بود و در عین حال، نوشابه و شراب قرمز نیز بر روی میزهای غذاخوری دیده می شد. پس از آن، من بارها در مهمانی های مختلف شرکت کردم که طریقه مهمان نوازی و سرو غذا در همه آن ها تقریبا به یک شکل بود. به طور مثال، اصلی ترین بخش مهمانی، صحبت کردن مهمانان با یکدیگر است و خوردن غذا برای آن ها چندان مهم نیست. در آستانه عید کریسمس، یک رایزن سرکنسولگری چین در نیویورک برای سخنرانی به دانشگاهی دعوت شد. ما در آن جا با یکدیگر غذا خوردیم. در حقیقت، این مهمانی، دعوت از یک مقام عالیرتبه دیپلماتیک به شمار می رفت ولی تنها سه نوع غذا سفارش شده بود. یک نوع سالاد سبزیجات، یک مدل استیک و سفارش سوم نوعی نان فرنگی بود.

من در آمریکا هر روز در رستوران دانشگاه غذا می خوردم. غذای من تقریبا هر روز شامل همبرگر، سیب زمینی سرخ شده، پیتزا، اسپاگتی، سالاد سبزیجات،

پنیر، چند نوع میوه، بستنی، کدو تنبل و لوبیای آب پز و چند نوع خوراک دیگر بود. تعداد زیادی از دانشجویان چینی پس از مدتی غذاخوردن در رستوران دانشگاه، تصمیم گرفتند خودشان آشپزی کنند، ولی من به مدت یک سال در رستوران دانشگاه غذا خوردم. نه به خاطر آن که به غذاهای غربی خیلی علاقه داشتم، بلکه به موضوعات دیگر به غیر از غذاخوردن در رستوران علاقه مند بودم. باید بگویم غذاهای پر چرب با کالری بالا، با معده مردم چین سازگار نیست.

در رستوران این دانشگاه، میزهای گرد به اندازه های مختلف وجود دارد که این میزها وصندلی ها قابل جا به جاییست. از این رو، هر کس می تواند به میل خود جایش را تغییر دهد. دانشجویان آمریکایی پس از آوردن یک سینی سالاد و سیب زمینی سرخ شده، شروع به صحبت و خوش و بش می کنند. گاهی در روزهای تولد دانشجویان، دوستانشان در سر میز غذا شروع به خواندن آواز دسته جمعی می کنند. علاوه بر آن، در تعطیلات و جشن های مختلف مانند عید هالوین، یک کدو تنبل بسیار بزرگ فراهم کرده و با پوشیدن لباس های عجیب و غریب فضایی جالب و دوست داشتنی ایجاد می کنند. در این گونه مناسبت ها، غذای خوب و رایگان فراهم می شود ولی در واقع، در مقایسه با روزهای معمولی تنها استیک به میز اضافه می شود.

معمولا در زمان استراحت و روزهای تعطیل که افراد به طور معمول در آرامش هستند، به خوبی می توان شخصیت یک فرد را مورد شناسایی قرار داد. چرا که شخصیت انسان در حالتی که بدنش در وضعیت راحت و بدون استرس قرار گرفته است، بهتر مورد شناسایی قرار می گیرد. از این اصل در شناخت یک ملت و یک کشور نیز استفاده می شود. تنها با آشنایی با فعالیت های روزمره مردم یک کشور، می توان با فرهنگ و تمدن این کشور آشنا شد.

نویسنده سرشناس چین با نام «لین یو تانگ» در اثر خود به نام «مردم چین» نوشته است:

«این احتمال وجود دارد که یک کشور متمدن جوان بیشتر به مساله پیشرفت توجه کند ولی یک کشور با تمدن غنی و قدیمی، با توجه به سرگذشت و تجربیات فراوان خود بیشتر به چگونگی ایجاد زندگی مطلوب علاقه مند است.» مردم آمریکا ترجیح می دهند سیب زمینی سرخ شده و چند قرص ویتامین بخورند و بیشتر وقت خود را در ورزشگاه ها بگذرانند، ولی مردم چین به خوردن غذا علاقه دارند و به پرورش گل در خانه هایشان اهمیت می دهند. نمی توان گفت کدام روش زندگی متمدنانه تر و یا دوست داشتنی تر است، ولی از گذشته تا کنون، نویسندگان و دانشمندان چینی علاقه داشتند احساسات خود را درباره غذا به طور رسمی یادداشت کرده و به نسل های بعدی منتقل کنند. کتاب «شیان چین او جی» نوشته «لی لی ون»، کتاب «سوی یوان شی دان» نوشته «یوان مو» و کتاب «یه هانگ چوان» نوشته «ژانگ دای» از جمله کتاب های برتر در این زمینه است.

امروزه، دانشمندان و نویسندگان مشهور مانند «جو ژوا رن»، «لین یو تانگ»، «لیانگ شی چیو» و «وانگ زنگ چی» نیز در این باره مقاله های بسیار به رشته تحریر آورده اند.

شاید پژوهشگران و دانشمندان غربی علاقه ای به چنین نکات ریز و ظریف نداشته باشند و شاید در زندگی روزمره آنان از قدیم تا کنون نکته ای جالب در این باره وجود نداشته باشد.

اما من نیز به نوبه خود تلاش کرده ام تا با تحقیق در آثار دانشمندان و محققان غربی در زمینه غذا و مواد غذایی، به پژوهشی کامل دست یابم.

بیست و دوم ماه دسامبر ۲۰۱۳ میلادی (شب یلدا به تقویم کشاورزی سنتی چین)

به پیوست: جدول سلسله های چین

عصر حجر قدیم	حدود ۱٫۷ میلیون سال پیش – ۱۰ هزار سال پیش
عصر حجر جدید	حدود ۱۰ هزار سال پیش – ۴ هزار سال پیش
سلسله شیا	حدود سال ۲۰۷۰ قبل از میلاد- سال ۱۶۰۰ قبل از میلاد
سلسله شانگ	۱۶۰۰ (ق. م)- ۱۰۴۶ (ق. م)
سلسله جو غربی	۱۰۴۶ (ق. م)- ۷۷۱ (ق. م)
دوران بهار و پاییز	۷۷۰ (ق. م)- ۴۷۶ (ق. م)
دوران آشوب	۴۷۵ (ق. م)- ۲۲۱ (ق. م)
سلسله چین	۲۲۱ (ق. م)- ۲۰۶ (ق. م)
سلسله هان غربی	۲۰۶ (ق. م) – سال ۲۵ میلادی
سلسله هان شرقی	۲۵ میلادی- ۲۲۰ میلادی
دوران سه کشور	۲۲۰ میلادی- ۲۸۰ میلادی
سلسله جین غربی	۲۶۵ میلادی- ۳۱۷ میلادی
سلسله جین شرقی	۳۱۷ میلادی- ۴۲۰ میلادی
سلسله های جنوبی و شمالی	۴۲۰ میلادی- ۵۸۹ میلادی
سلسله سوی	۵۸۱میلادی- ۶۱۸ میلادی
سلسله تانگ	۶۱۸ میلادی- ۹۰۷ میلادی
دوران پنج سلسله و ده کشور	۹۰۷ میلادی- ۹۶۰ میلادی
سلسله سونگ شمالی	۹۶۰ میلادی- ۱۱۲۷ میلادی
سلسله سونگ جنوبی	۱۱۲۷ میلادی- ۱۲۷۹ میلادی
سلسله یوآن	۱۲۰۶ میلادی- ۱۳۶۸ میلادی
سلسله مینگ	۱۳۶۸ میلادی- ۱۶۴۴میلادی
سلسله چینگ	۱۶۱۶ میلادی- ۱۹۱۱میلادی
جمهوری چین	۱۹۱۲ میلادی- ۱۹۴۹ میلادی
جمهوری خلق چین	۱۹۴۹ میلادی تا کنون